丁军航　王威　管殿柱　编著

电子元器件选用与检测

DIANZI YUANQIJIAN
XUANYONG YU JIANCE

易学通

YIXUETONG

U0301526

化学工业出版社

·北京·

图书在版编目（CIP）数据

电子元器件选用与检测易学通/丁军航，王威，管殿柱编
著．—北京：化学工业出版社，2013.6
ISBN 978-7-122-17169-6

Ⅰ.①电…　Ⅱ.①丁…②王…③管…　Ⅲ.①电子元件-
基本知识②电子器件-基本知识　Ⅳ.①TN60

中国版本图书馆 CIP 数据核字（2013）第 085777 号

责任编辑：宋　辉　　　　　　　文字编辑：云　雷
责任校对：边　涛　　　　　　　装帧设计：王晓宇

出版发行：化学工业出版社（北京市东城区青年湖南街 13 号　邮政编码 100011）
印　　装：三河市延风印装厂
850mm×1168mm　1/32　印张 9¾　字数 259 千字
2013 年 7 月北京第 1 版第 1 次印刷

购书咨询：010-64518888（传真：010-64519686）
售后服务：010-64518899
网　　址：http://www.cip.com.cn
凡购买本书，如有缺损质量问题，本社销售中心负责调换。

定　　价：29.00 元　　　　　　　　　　版权所有　违者必究

电子元器件是电子电路的重要组成单元，其中元件通常是指在工厂生产时改变分子成分的成品，例如电阻器、电容器、电感器等；器件是指工厂在生产时不改变分子结构的成品，例如晶体管、电子管、集成电路等。正确地选用和检测元器件，是电子技术初学者和电子技术工作者必须掌握的基本知识和技能。

本书系统地介绍了电阻器、电容器、电感线圈、变压器、继电器、二极管、三极管、晶闸管、光电器件、电声器件、散热器件、开关、保险器件等各种常用元器件及集成电路器件的基本知识及其选用和检测的方法和技巧。本书通俗易懂，实用性强，适合广大电子初学者、电子爱好者和实用电器维修人员阅读。

本书的主要内容可归结为两个方面，其一是介绍有关元器件的一些常用知识，诸如元器件的实物外形、种类、主要参数、使用注意事项等；其二是介绍元器件的选用及检测方法和技巧。从某种意义上来讲，后者显得更为重要，因此，这也是本书的重点。通过阅读本书，读者不仅能对电子元器件的性能特点有所了解，而且还能比较系统地学会怎样测试和鉴别元器件的好坏优劣，解决检测实践中所遇到的一些具体技术问题。

本书所介绍的检测方法，是以万用表为基本测量工具的，这种定位非常适合广大电子爱好者的需要。万用表是电子测量最常用的仪表，它的普及量最大，应用范围最广。大量实践经验证明，用万用表检测元器件，不仅简单易行，而且准确可靠，在某些情况下甚至可以替代专用测量仪器。当然，使用万用表检测元器件，也并非举手之劳的易事，其中大有奥妙可言，但只要认真学习，大胆实践，就一定能学会。而一旦熟练掌握了检测方法与技巧，将使得子制作、家电维修等工作取得事半功倍的效果。

本书共 16 章：第 1 章介绍常用电子元器件及检测工具，第 2 章介绍电阻器，第 3 章介绍电容器，第 4 章介绍电感线圈，第 5 章介绍变压器，第 6 章介绍继电器，第 7 章介绍二极管，第 8 章介绍晶体管，第 9 章介绍晶闸管，第 10 章介绍光电器件，第 11 章介绍电声器件，第 12 章介绍散热器件，第 13 章介绍开关器，第 14 章介绍保险器件，第 15 章介绍表面贴装元器件，第 16 章介绍集成电路。

本书由丁军航（青岛大学）、王威（哈尔滨理工大学）、管殿柱（青岛大学）编著，李文秋、宋一兵、王献红、谈世哲、张轩、张洪信、赵景波、孙浩洋、初航、程联军等为本书编写提供了帮助，在此表示感谢。

我们衷心地希望广大电子爱好者能从本书中得到帮助，从中有所收获，并对具体内容提出宝贵意见。由于编者水平有限，书中难免有不当之处，敬请广大读者指正。

编者

第1章　常用电子元器件与检测工具　　1

第2章　电阻器　　57

第 3 章　电容器　84

第 4 章 电感线圈　　　　　　　　　　　105

第 5 章 变压器　　　　　　　　　　　　117

第 6 章　继电器　　　　　　　　　　　　　　135

第11章　电声器件　　217

第12章　散热器件　　233

第15章 表面贴装元器件 259

第16章 集成电路 280

第1章

Chapter 1

常用电子元器件与检测工具

电子元器件是电子电路的重要组成单元。电子元器件是元件和器件的总称。电子元件指在工厂生产加工时不改变分子成分的成品。如电阻器、电容器、电感器。因为它本身不产生电子，它对电压、电流无控制和变换作用，所以又称无源器件。电子器件指在工厂生产加工时改变了分子结构的成品。例如晶体管、电子管、集成电路。因为它本身能产生电子，对电压、电流有控制、变换作用（放大、开关、整流、检波、振荡和调制等），所以又称有源器件。

1.1 电子元器件及其主要参数介绍

1.1.1 电子元器件介绍

每一台电子产品整机，都由具有一定功能的电路、部件和工艺结构所组成。其各项指标，包括电气性能、质量和可靠性等的优劣程度，不仅取决于电路原理设计、结构设计、工艺设计的水平，还取决于能否正确地选用电子元器件及各种原材料。而且，电子元器件和各种原材料是实现电路原理设计、结构设计、工艺设计的主要依据。电子行业的每一个从业人员都应该熟悉和掌握常用元器件的性能、特点及其使用范围。事实上，能否尽快熟悉、掌握、使用世界上最新出现的电子元器件，能否在更大范围内选择性能价格比最佳的元器件，把它们用于新产品的研制开发，往往是评价衡量一个电子工程技术人员业务水平的主要标准。

电子元器件是在电路中具有独立电气功能的基本单元。元器件在各类电子产品中占有重要的地位，特别是通用电子元器件，如电阻器、电容器、电感器、晶体管、集成电路和开关、接插件等，更是电子设备中必不可少的基本材料。几十年来，电子工业的迅速发展，不断对元器件提出新的要求；而元器件制造厂商也在不断采用新的材料、新的工艺，不断推出新产品，为其他电子产品的发展开拓新的途径，并使电子设备的设计制造经历了几次重大的变革。在早期的电子管时代，按照真空电子管及其相应电路元件的特点要求，设计整机结构和制造工艺最主要的是考虑大的电功率消耗以及由此而产生的散热问题，形成了一种体积较大、散热流畅的坚固结构。随后，因为半导体晶体管及其相应的小型元器件的问世，一种体积较小的分立元器件结构的制造工艺便形成了，才有可能出现被称为"便携"机型的整机。特别是微电子技术的发展，使半导体器件和部分电路元件被集成化，并且集成度在以很快的速度不断提高，这就使得整机结构和制造工艺又发生了一次很大的变化，进入了一个崭新的阶段，才有可能出现被称为"袖珍型""迷你式"的微型整机。例如，近 50 年来电子计算机的发展历史证明，在这个过程中划分不同的阶段、形成"代机"的主要标志是，构成计算机的电子元器件的不断更新，使计算机的运算速度不断提高，而运算速度实际上主要取决于元器件的集成度。就拿人们熟悉的微型计算机的 CPU 来说，从 286 到 586，从奔腾（Pentium）到迅驰（Centrino），这个推陈出新的过程，实际上是半导体集成电路的制造技术从 SSI、MSI、LSI 到 VLSI、ULSI（小、中、大、超大、极大规模集成电路）的发展历史。又如，采用 SMT（表面安装技术）的贴片式安装的集成电路和各种阻容元件、固体滤波器、接插件等微小型元器件被广泛应用在各种消费类电子产品和通信设备中，才有可能实现超小型、高性能、高质量、大批量的现代化生产。由此可见，电子技术和产品的水平，主要取决于元器件制造工业和材料科学的发展水平。电子元器件是电子产品中最活跃的因素。

通常，对电子元器件的要求是：可靠性高、精确度高、体积微小、性能稳定、符合使用环境条件等。电子元器件总的发展趋向是：集成化、微型化、提高性能、改进结构。

电子元器件可以分为有源元器件和无源元器件两大类。有源元器件在工作时，其输出不仅依靠输入信号，还要依靠电源，或者说，它在电路中起到能量转换的作用。例如，晶体管、集成电路等就是最常用的有源元器件。无源元器件一般又可以分为耗能元件、储能元件和结构元件三种。电阻器是典型的耗能元件；储存电能的电容器和储存磁能的电感器属于储能元件；接插件和开关等属于结构元件。这些元器件各有特点，在电路中起着不同的作用。通常，我们称有源元器件为"器件"，称无源元器件为"元件"。

1.1.2 电子元器件的主要参数

电子元器件的主要参数包括特性参数、规格参数和质量参数。这些参数从不同角度反映了一个电子元器件的电气性能及其完成功能的条件，它们是相互联系并相互制约的。

(1) 电子元器件的特性参数

特性参数用于描述电子元器件在电路中的电气功能，通常可用该元器件的名称来表示，例如电阻特性、电容特性或二极管特性等。一般用伏安特性，即元器件两端所加的电压与通过其中的电流的关系来表达该元器件的特性参数。电子元器件的伏安特性大多是一条直线或曲线，在不同的测试条件下，伏安特性也可以是一条折线或一簇曲线。图 1-1 画出了几种常用的电子元器件的伏安特性曲线。

图 1-1 中，图(a) 是线性电阻的伏安特性。在一般情况下，线性电阻的阻值是一个常量，不随外加电压的大小而变化，符合欧姆定律 $R=U/I$，一般电路里常用的电阻大多数都属于这一类。

图(b) 是非线性电阻的伏安特性曲线。这类电阻的阻值不是常量，随外加电压或某些非电物理量的变化而变化，一般不用欧姆定律来简单地描述。一些具有特殊性能的半导体电阻，如压敏电阻、热敏电阻、光敏电阻等，都属于非线性电阻，它们可用于检测电压或温度、光通量等非电物理量。

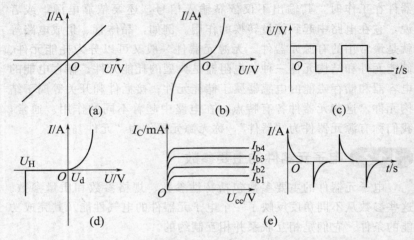

图 1-1　几种常用电子元器件的伏安特性曲线

图（c）是半导体二极管的伏安特性曲线。从图中可以清楚地看出，二极管的单向导电性能和它在某一特定电压值下的反向击穿特性。

图（d）是半导体三极管的伏安特性曲线，又称输出特性曲线。这是一簇以基极电流 I_b 为参数的曲线，对应于不同的 I_b 数值，其 $V_{ce}\sim I_c$ 关系是其中的一条曲线。从这簇曲线中，可以求出这只三极管的电流放大系数。

$$\beta=\frac{\Delta I_c}{\Delta I_b}$$

图（e）是线性电容器的伏安特性，这是一对以时间 t 为参数的曲线，从中可以看出电容器的伏安特性满足关系式

$$i(t)=C\frac{\mathrm{d}u(t)}{\mathrm{d}t}\ 或\ u(t)=\frac{1}{C}\int i(t)\mathrm{d}t$$

需要注意的是，对于人们常说的线性元件，它的伏安特性并不一定是直线，而非线性元件的伏安特性也并不一定是曲线，这是两

个不同的概念。例如，我们把某些放大器称为线性放大器，是指其输出信号 Y 与输入信号 X 满足函数关系

$$Y = KX$$

其电路增益（放大倍数 K）在一定工作条件下为一常量；又如，线性电容器是指其储存电荷的能力（电容量）是一个常数。所以，线性元件是指那些主要特性参数为一常量（或在一定条件、一定范围内是一个常量）的电子元器件。

不同种类的电子元器件具有不同的特性参数，并且我们可以根据实际电路的需要，选用同一种类电子元器件的几种特性之一。例如，对于图 1-1(c) 所描绘的二极管的伏安特性，既可以利用它的单向导电性能，用在电路中进行整流、检波、箝位；也可以利用它的反向击穿性能，制成稳压二极管。

(2) 电子元器件的规格参数

描述电子元器件的特性参数的数量称为它们的规格参数。规格参数包括标称值、额定值和允许偏差值等。电子元器件在整机中要占有一定的体积空间，所以它的封装外形和尺寸也是一种规格参数。

① 标称值和标称值系列

电子设备的社会需求量是巨大的，电子元器件的种类及年产量则更为繁多巨大。然而，电子元器件在生产过程中，其数值不可避免地具有离散化的特点；并且，实际电路对于元器件数值的要求也是多种多样的。为了便于大批量生产，并让使用者能够在一定范围内选用合适的电子元器件，规定出一系列的数值作为产品的标准值，称为标称值。

电子元器件的标称值分为特性标称值和尺寸标称值，分别用于描述它的电气功能和机械结构。例如，一只电阻器的特性标称值包括阻值、额定功率、精度（允许偏差）等，其尺寸标称值包括电阻本体及引线的直径、长度等。

一组有序排列的标称值叫做标称值系列。电阻、电容、电感等元件的特性数值是按照通项公式

$$a_n = \left(\sqrt[E]{10}\right)^{n-1} \quad (n = 1, 2, 3, \cdots, E)$$

来取值的，常用的标称系列见表 1-1。

表 1-1　电子元件特性数值标称系列

系列	E24	E12	E6	E24	E12	E6
标志	J（Ⅰ）	K（Ⅱ）	M（Ⅲ）	J（Ⅰ）	K（Ⅱ）	M（Ⅲ）
允许偏差	±5%	±10%	±20%	±5%	±10%	±20%
特性标称数值	1.0	1.0	1.0	3.3	3.3	3.3
	1.1			3.6		
	1.2	1.2		3.9	3.9	
	1.3			4.3		
	1.5	1.5	1.5	4.7	4.7	4.7
	1.6			5.1		
	1.8	1.8		5.6	5.6	
	2.0			6.2		
	2.2	2.2	2.2	6.8	6.8	6.8
	2.4			7.5		
	2.7	2.7		8.2	8.2	
	3.0			9.1		

注　意

　　精密元件的数值还有 E48（允许偏差 ±2%）、E96（允许偏差 ±1%）、E192（允许偏差 ±0.5%）等几个系列。

　　元件的特性数值标称系列大多是两位有效数字（精密元件的特性数值一般是三位或四位有效数字）。电子元器件的标称值应该符合系列规定的数值，并用系列数值乘以倍率数 10^n（n 为整数）来具体表示一个元件的参数。例如，符合标称值系列的电阻有 1.0Ω、10Ω、100Ω、1.0kΩ、10kΩ、100kΩ、1.0MΩ、10MΩ 等，可以表示为

　　$1.0 \times 10^n \, \Omega$　（$n = 0$，1，2，3，4，…）

又如，符合标称值系列的电容量有 1.5pF、15pF、150pF、1500pF（1.5nF）、0.015μF（15nF）、0.15μF（150nF）、1.5μF、15μF、150μF、1500μF（1.5mF）等，可以表示为

1.5×10^nF（$n = -12, -11, -10, \cdots$）

我们知道，在机械设计中规定了长度尺寸标称值系列，并且分为首选系列和可选系列（也叫第一系列、第二系列）。同样，对电子元器件的封装形式及外形尺寸也规定了标准系列。例如，传统集成电路的封装方式可分为圆形、扁平型、双列直插型等几个系列；元件的引线有轴向和径向两个系列等。又如，大多数小功率元器件的引线直径标称值为 0.5mm 或 0.6mm（英制 20mil＝0.02in 或 24mil＝0.024in），双列和单列直插式集成电路的引脚间距一般是 2.54mm 或 5.08mm（英制 100mil＝0.1in 或 200mil＝0.2in）等。显然，在生产制造电子整机产品的时候，不仅要考虑电子元器件的电气功能是否符合要求，其封装方式及外形尺寸是否规范、是否符合标准也是重要的选择依据。

规定了数值标称系列，就大大减少了必须生产的元器件的产品种类，从而使生产厂家有可能实现批量化、标准化的生产及管理，为半自动或全自动生产元器件提供了必要的前提。同时，由于标准化的元器件具有良好的互换性，为电子整机产品创造了结构设计和装配自动化的条件。

② 允许偏差值与精度等级

实际生产出来的元器件，其数值不可能和标称值完全一样，总会有一定的偏差。用百分数表示的实际数值和标称值的相对偏差，反映了元器件数值的精密程度。对于一定标称值的元器件，大量生产出来的实际数值呈现正态分布，为这些实际数值规定了一个可以接受的范围，即为相对偏差；规定了允许的最大范围，叫做数值的允许偏差（简称"允差"）。不同的允许偏差也叫做数值的精度等级（简称"精度"），并为精度等级规定了标准系列，用不同的字母表示。例如，常用电阻器的允许偏差有±5%、±10%、±20%三种，分别用字母 J、K、M 标记它们的精度等级（以前曾用Ⅰ、Ⅱ、Ⅲ

表示）。精密电阻器的允许偏差有±2%、±1%、±0.5%，分别用G、F、D表示。常用元件数值的允许偏差符号见表 1-2。

表 1-2　常用元件数值的允许偏差符号

允许偏差/%	±0.1	±0.25	±0.5	±1	±2	±5	±10	±20	+20 -10	+30 -20	+50 -20	+80 -20	+100 0
符号	B	C	D	F	G	J	K	M	—	—	S	E	H
曾用符号	—	—	—	0	I	II	III	IV	V	VI	—	—	—
分类	精密元件				一般元件				适用于部分电容器				

　　根据电路对元器件的参数要求，允许偏差又可以分为双向偏差和单向偏差两种，如图 1-2 所示。

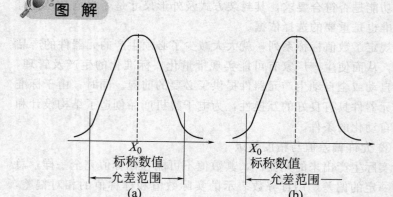

　　　　　　　　　标称数值　　　　　　　　　　　标称数值
　　　　　　　　　允差范围　　　　　　　　　　　允差范围
　　　　　　　　　　(a)　　　　　　　　　　　　　　(b)

图 1-2　元器件的数值分布

　　通常，元器件的特性标称数值允许有双向偏差，例如电阻器的阻值。但对于某些可能引起不良效果的数值，大多取单向偏差。例如，一般电解电容器的容量值虽然规定为双向偏差（偏差区间不对称），但在生产厂家出厂检验时，实际上都按照正向偏差取值。这是由于电解电容器在存储期间，其容量会逐渐降低，而容量偏小可能引起电路的工作特性变差（例如用于滤波）。对于元器件的额定电压等指标，因为可能引起灾害性的后果，就更需要规定为单向偏差了。

应该注意到，特性数值标称系列和某一规定的精度等级相互对应的。即：每两个相邻的标称数值及其允许偏差所形成的数值范围是互相衔接或部分重叠的。例如，在允许偏差为 ±5％ 的数值标称系列中，1.8 与 2.0 是两个相邻的标称值，其允许偏差的范围分别是：

$$1.8 \times (1 \pm 5\％) = 1.71 \sim 1.89$$
$$2.0 \times (1 \pm 5\％) = 1.90 \sim 2.10$$

两者互相衔接；又如，4.7 和 5.1 的数值范围分别是：

$$4.7 \times (1 \pm 5\％) = 4.465 \sim 4.935$$
$$5.1 \times (1 \pm 5\％) = 4.845 \sim 5.355$$

两者部分重叠。由此可见，标称系列数值实际上是根据不同的允许偏差确定的。从表 1-1 还可以看出，K 系列（±10％）和 M 系列（±20％）的标称数值只不过是在高一级的系列中依次间隔取值。精度等级越高，其数值允许的偏差范围越小，元器件就越精密；同时，它的生产成本及销售价格也就越高。在设计整机时，应该根据实际电路的要求，合理选用不同精度等级的电子元器件。

需要说明的是，数值的允许偏差（精度等级）与数值的稳定性是两个不同的概念。下面还将要介绍，工作环境条件不同，会引起电子元器件参数的变化，变化的大小称为数值的稳定性。一般说来，数值越精密，要求其稳定性也越高，而元器件的使用条件也要受到一定的限制。

③ 额定值与极限值

电子元器件在工作时，要受到电压、电流的作用，要消耗功率。电压过高，会使元器件的绝缘材料被击穿；电流过大，会引起消耗功率过大而发热，导致元器件被烧毁。电子元器件所能承受的电压、电流及消耗功率还要受到环境条件（如温度、湿度及大气压力等因素）的影响。为此，规定了电子元器件的额定值，一般包括：额定工作电压、额定工作电流、额定功率消耗及额定工作温度等。它们的定义是：电子元器件能够长期正常工作（完成其特定的电气功能）时的最大电压、最大电流、最大功率消耗及最高环境温度。和特性数值一样，电子元器件的额定值也有标称系列，其系列数值因元器件不同而异。

另外，还规定了电子元器件的工作极限值，一般为最大值的形式，分别表示元器件能够保证正常工作的最大限度。例如最大工作电压、最大工作电流和最高环境温度等。

在这里，需要对几个问题加以说明：

第一，元器件的同类额定值与极限值并不相等。例如，电容器的额定直流工作电压是指其在额定环境温度下长期（不低于 1 万小时）可靠地正常工作的最高直流电压，这个电压一般为击穿电压的一半；而电容器的最大工作电压（也叫试验电压）是指其在额定环境温度下短时（通常为 5s～1min）所能承受的直流电压或 50Hz 交流电压峰值。又如，电阻器的额定环境温度是指其能够长期完成 100％额定功率的最高温度；而最高环境温度则是使电阻器不失去其原有伏安特性的环境温度上限，在此温度下，电阻器所允许的负荷已经大大低于其额定功率。

第二，元器件的各个额定值（或极限值）之间没有固定的关系，等功耗规律往往并不成立。例如，半导体三极管的集电极最大耗散功率 P_{cm} 较大，并不说明它的集电极-发射极击穿电压 V_{ceo} 也大；而它的 P_{cm} 较大，相应的集电极最大电流 I_{cm} 也大一些。又如，对于电阻器来说，最大工作电压与它的额定功率有关，额定功率大的电阻，其最大工作电压也高一些。

第三，当电子元器件的工作条件超过某一额定值时，其他参数指标就要相应地降低，这就是人们通常所要考虑的降额使用元器件问题。例如，RJ 型金属膜电阻的额定工作温度≤＋70℃，当实际使用温度超过此值时，其允许的功率限度就要线性地降低，如图1-3 所示。

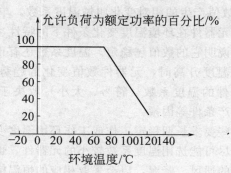

图 1-3 RJ 型金属膜电阻器的允许负荷与环境温度的关系

第四，对于某种电子元器件，通常都是根据其自身的特点及工作需要而定义几种额定值和极限值作为它的规格参数。例如，同是工作电压上限，对一般电阻器是按最大工作电压定义的，而对一般电容器却是按额定工作电压来定义的，应该注意到二者之间的差别。

④ 其他规格参数

除了前面介绍的标称值、允许偏差值和额定值、极限值等以外，各种电子元器件还有其特定的规格参数。例如，半导体器件的特征频率 f_T、截止频率 f_α、f_β；线性集成电路的开环放大倍数 K_0；数字集成电路的扇出系数 N_o 等。

在选用电子元器件时，应该根据电路的需要考虑这些参数。

(3) 电子元器件的质量参数

质量参数用于度量电子元器件的质量水平，通常描述了元器件的特性参数、规格参数随环境因素变化的规律，或者划定了它们不能完成功能的边界条件。

电子元器件共有的质量参数一般有温度系数、噪声电动势、高频特性及可靠性等，从整机制造工艺方面考虑，主要有机械强度和可焊性。

① 温度系数

电子元器件的规格参数随环境温度的变化会略有改变。温度每变化 1℃，其数值产生的相对变化叫做温度系数，单位为 1/℃。温度系数描述了元器件在环境温度变化条件下的特性参数稳定性，温度系数越小，说明它的数值越稳定。温度系数还有正、负之分，分别表示当环境温度升高时，元器件数值变化的趋势是增加还是减少。电子元器件的温度系数（符号、大小）取决于它们的制造材料、结构和生产条件等因素。

在制作那些要求长期稳定工作或工作环境温度变化较大的电子产品时，应当尽可能选用温度系数较小的元器件，也可以根据工作条件考虑产品的通风、降温，以至采取相应的恒温措施。

显然，电子元器件的温度系数会影响电路的工作稳定性，对电子产品的工作环境提出了限制性要求，这是一个不利因素。但是，人们又可以利用某些材料对温度特别敏感的性质，制成各种各样的温度检测元件。例如，在工业自动控制设备中常用于检测温度的铜电阻、铂电阻及各类半导体热敏器件，就是利用了它们的温度系数比较大并且在很大的范围内是一个常数的特点。有时，还可以利用元器件的温度系数正、负互补，来实现电路的稳定。例如，在 LC 振荡电路中，有时候采用两个温度系数符号相反的电容并联代替一个电容，使它们的电容量随温度的变化而互相补偿，可以稳定电路的振荡频率。

② 噪声电动势和噪声系数

在无线电设备中，接收机或放大器的输出端，除了有用信号以外，还夹杂着有害的干扰。干扰的种类很多，有些是从无线电设备外部来的，如雷电干扰、宇宙干扰和工业干扰等；有些则是设备内部产生的。例如，从通信接收机中常常可以听到一种"沙沙"声，这种噪声在通信停顿的间隙更为明显；又如，在视频图像设备的屏幕背景上，经常可以看到一些雨雾状的斑点。这类噪声，通常叫做内部噪声。在一般情况下，有用信号比电路的内部噪声大得多，噪声产生的有害影响很小，可以不予考虑。但当有用信号十分微弱时，噪声就可能把有用信号"淹没"，这时，其有害作用就不能不给予重视。

无线电设备的内部噪声主要是由各种电子元器件产生的。我们知道，导体内的自由电子在一定温度下总是处于"无规则"的热运动状态之中，从而在导体内部形成了方向及大小都随时间不断变化的"无规则"的电流，并在导体的等效电阻两端产生了噪声电动势。噪声电动势是随机变化的，在很宽的频率范围内都起作用。由于这种噪声是自由电子的热运动所产生的，通常又把它叫做热噪声。温度升高时，热噪声的影响也会加大。

除了热噪声以外，各种电子元器件由于制造材料、结构及工艺不同，还会产生其他类型的噪声。例如，碳膜电阻器因为碳粒之间的放电和表面效应而产生的噪声（这类噪声是金属膜电阻所没有的，所以金属膜电阻的噪声电动势比碳膜电阻的小一些），晶体管内部载流子产生的散粒噪声等。

通常，用"信噪比"来描述电阻、电容、电感一类无源元件的噪声指标，其定义为元件内部产生的噪声功率与其两端的外加信号功率之比，即

$$信噪比 = \frac{外加信号功率}{噪声功率}$$

对于晶体管或集成电路一类有源器件的噪声，则用噪声系数来衡量：

$$噪声系数 = \frac{输入端信噪比\ S_i/N_i}{输出端信噪比\ S_o/N_o}$$

在设计制作接收微弱信号的高增益放大器（如卫星电视接收机）时，应当尽量选用低噪声的电子元器件。使用专用仪器"噪声测试仪"可以方便地测量元器件的噪声指标。在各类电子元器件手册中，噪声指标也是一项重要的质量参数。

在高灵敏度、高增益的卫星通信接收机或军事雷达系统中，有时还采用超低温的办法来降低设备的内部噪声。超导技术和半导体制冷器件的研制，为制造低噪声的无线电设备开辟了良好的前景。

③ 高频特性

当工作频率不同时，电子元器件会表现出不同的电路响应，这是由于在制造元器件时使用的材料及工艺结构所决定的。在对电路进行一般性分析时，通常是把电子元器件作为理想元器件来考虑的，但当它们处于高频状态下时，很多原来不突出的特点就会反映出来。例如，线绕电阻器工作在直流或低频电路中时，可以被看作是一个理想电阻，而当频率升高时，其电阻线绕组产生的电感就成为比较突出的问题，并且每两匝绕组之间的分布电容也开始出现。这时，线绕电阻器的高频等效电路如图 1-4 所示。当工作频率足够高时，其感抗值可能比电阻值大出很多倍，将会严重地影响电路的工作状态。又如，那些采用金属箔卷绕的电容器（如电解电容器或金属化纸介电容器）就不适合工作在频率很高的电路中，因为卷绕的金属箔会呈现出电感的性质。再如，半导体器件的结电容在低、中频段的作用可以忽略，而在高频段对电路工作状态的影响就必须进行考虑。

 图 解

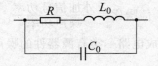

图 1-4　线绕电阻器的高频等效电路

事实上，一切电子元器件工作在高频状态下时，都将表征出电抗特性，甚至一段很短的导线，其电感、电容也会对电路的频率响应产生不可忽略的影响。这种性质，称为元器件的高频特性。在设计制作高频电路时，必须考虑元器件的频率响应，选择那些高频特性较好、自身分布电容、分布电感较小的元器件。

当然，元器件在电路板上的装配结构也会产生不同的频率响应，对于这一点，将在后面的章节进行介绍。

④ 机械强度及可焊性

电子元器件的机械强度是重要的质量参数之一。人们一般都希望电子设备工作在无振动、无机械冲击的理想环境中，然而事实上，对设备的振动和冲击是无法避免的。如果设备选用的元器件的机械强度不高，就会在振动时发生断裂，造成损坏，使电子设备失效，这种例子是屡见不鲜的。电阻器的陶瓷骨架断裂、电阻体两端的金属端脱落、电容本体开裂、各种元器件的引线折断、开焊等，都是经常可以见到的机械性故障。所以，在设计制作电子产品时，应该尽量选用机械强度高的元器件，并从整机结构方面采取抗振动、耐冲击的措施。

因为大部分电子元器件都是靠焊接实现电路连接的，所以元器件引线的可焊性也是它们的主要工艺质量参数之一。有经验的电子工程技术人员都知道，"虚焊"是引起整机失效最常见的原因。为了减少虚焊，不仅需要操作者经常练习，提高焊接的技术水平，积累发现虚焊点的经验，还应该尽量选用那些可焊性良好的元器件。如果元器件的可焊性不良，就必须在焊接前做好预处理——除锈镀锡，并在焊接时使用适当的助焊剂。

⑤ 可靠性和失效率

同其他任何产品一样，电子元器件的可靠性是指它的有效工作寿命，即它能够正常完成某一特定电气功能的时间。电子元器件的工作寿命结束，叫做失效。其失效的过程通常是这样的：随着时间的推移或工作环境的变化，元器件的规格参数发生改变，例如电阻器的阻值变大或变小，电容器的容量减小等；当它们的规格参数变化到一定限度时，尽管外加的工作条件没有改变，却再也不能承受电路的要求而彻底损坏，使它们的特性参数消失，例如二极管被电压击穿而短路，电阻因阻值变小而超负荷烧断等。显然，这是一个"从量变到质变"的过程。

度量电子产品可靠性的基本参数是时间，即用有效工作寿命的长短来评价它们的可靠性。电子元器件的可靠性用失效率表示。利用统计学的手段，能够发现描述电子元器件失效率的数学规律：

$$失效率\ \lambda(t) = \frac{失效数}{运用总数 \times 运用时间}$$

失效率的常用单位是 Fit（"菲特"），$1\text{Fit} = 10^{-9}/\text{h}$。即一百万个元器件运用一千小时，每发生一个失效，就叫做 1Fit。失效率越低，说明元器件的可靠性越高。

电子元器件的失效率还是时间的函数。统计数字表明，新制造出来的电子元器件，在刚刚投入使用的一段时间内，失效率比较高，这种失效称为早期失效，相应的这段时间叫做早期失效期。电子元器件的早期失效，是由于在设计和生产制造时选用的原材料或工艺措施方面的缺陷而引起的，它是隐藏在元器件内部的一种潜在故障，在开始使用后会迅速恶化而暴露出来。元器件的早期失效是十分有害的，但又是不可避免的。人们还发现，在经过早期失效期以后，电子元器件将进入正常使用阶段，其失效率会显著地迅速降低，这个阶段叫做偶然失效期。在偶然失效期内，电子元器件的失效率很低，而且在极长的时间内几乎没有变化，可以认为它是一个很小的常数。在经过长时间的使用之后，元器件可能会逐渐老化，失效率又开始增高，直至寿命结束，这个阶段叫做老化失效期。电子元器件典型的失效率函数曲线如图 1-5 所示。从图中可以清楚地

图　解

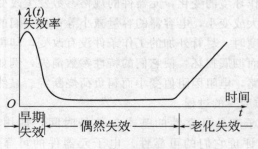

图 1-5　失效率函数曲线

看出，在早期失效期、偶然失效期、老化失效期内，电子元器件的失效率是大不一样的，其变化的规律类似一个浴盆的剖面，所以这条曲线常被称为"浴盆曲线"。

应该指出，电子元器件的电气规格参数指标与其性能稳定可靠是两个不同的概念，这两者之间并没有必然的联系。规格参数良好的元器件，其可靠性不一定高；相反，规格参数差一些的元器件，其可靠性也不一定低。电子元器件的大部分规格参数都可以通过仪器仪表立即测量出来，但是它们的可靠性或稳定性，却必须经过各种复杂的可靠性试验，或者在经过大量的、长期的使用之后才能判断出来。

以前，人们对可靠性的概念知之甚少，特别是由于失效率的数据难以获得，一般都忽略了对于电子元器件可靠性的选择。近几十年来，随着可靠性研究的进步以及市场商品竞争的要求，人们逐渐认识到，元器件的失效率决定了电子整机产品的可靠性。因此，凡是那些实行了科学管理的企业，都已经在整机产品设计之初就把元器件的失效率作为使用选择的重要依据之一。

由于在偶然失效期内，电子元器件的失效率可以近似为一个小常数。所以，正规化的元器件制造厂商都要采用各种试验手段，把电子元器件的早期失效消灭在产品出厂之前，并把它们在正常使用阶段的失效率作为向用户提供的一项主要参数。

⑥ 其他质量参数

各种不同的电子元器件还有一些特定的质量参数。例如，对于电容器来说，绝缘电阻的大小、由于漏电而引起的能量损耗（用损耗角正切 $\tan\delta$ 表示）等都是重要的质量参数。又如，晶体三极管的反向饱和电流 I_{cb}、穿透电流 I_{ce} 和饱和压降 V_{ce} 等，都是三极管的质量参数。

电子元器件的这些特定的质量参数，都有相应的检验标准，应该根据实际电路的要求进行选用。

1.2 常用电子元器件的图形符号及文字符号

熟悉了解电子元器件的型号命名及标注方法，对于选择、购买、使用元器件，进行技术交流，都是非常必要的。

1.2.1 电子元器件的命名方法

国家电子工业管理部门对大多数国产电子元器件的种类命名都做出了统一的规定，可以从国家标准 GB 2470—81 中查到。由于电子元器件的种类繁多，这里不可能一一列出。

通常，电子元器件的名称应该反映出它们的种类、材料、特征、型号、生产序号及区别代号，并且能够表示出主要的电气参数。电子元器件的名称由字母（汉语拼音或英语字母）和数字组成。对于元件来说，一般用一个字母代表它的主称，如 R 表示电阻器，C 表示电容器，L 表示电感器，W 表示电位器等；用数字或字母表示其他信息。半导体分立器件和集成电路的名称也由国家标准规定了具体意义，如二极管的主称用数字 2 表示，三极管的主称用数字 3 表示。但是，近年来的电子市场上已经很少见到完全是国产的半导体器件，而进口半导体器件、特别是模拟集成电路的命名往往又很复杂，在选用时必须查阅它们的技术资料，所以不再详述。

1.2.2 电子元器件的型号及参数在电子元器件上的标注

电子元器件的型号及各种参数，应当尽可能在元器件的表面上标注出来。常用的标注方法有直标法、文字符号法和色标法三种。

（1）直标法

把元器件的主要参数直接印制在元件的表面上即为直标法，如图 1-6 所示。这种标注方法直观，只能用于体积比较大的元器件。

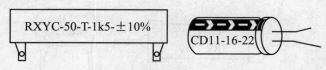

图 1-6　电子元器件参数直标法

例如，电阻器的表面上印有 RXYC-50-T-1k5-±10％，表示其种类为耐潮披釉线绕可调电阻器，额定功率为 50W，阻值为 1.5kΩ，允许偏差为±10％；又如，电容器的表面上印有 CD11-16-22，表示其种类为单向引线式铝电解电容器，额定直流工作电压为 16V，标称容量为 22μF。

（2）文字符号法

以前，文字符号法主要用于标注半导体器件，用来表示其种类及有关参数，文字符号应该符合国家标准。例如，3DG6C 表示国产 NPN 型硅材料的高频小功率三极管，品种序号为 6，C 表示耐压规格。又如，集成电路上印有 CC4040，表示这是一个 4000 系列的国产 CMOS 数字集成电路，查手册可知其具体功能为十二级二进制计数器。

随着电子元器件不断小型化的发展趋势，特别是表面安装元器件（SMC 和 SMD）的制造工艺和表面安装技术（SMT）的进步，要求在元件表面上标注的文字符号也作出相应的改革。现在，在大批量制造元件时，把电阻器的阻值偏差控制在±5％之内、把电容器的容量偏差和电感器的电感量偏差控制在±10％之内已经很容易实现。因此，除了那些高精度元件以外，一般仅用三位数字标注元件的数值，而允许偏差（精度等级）不再表示出来，如图 1-7 所示。具体规定如下。

① 用元件的形状及其表面的颜色区别元件的种类，如在表面装配元件中，除了形状的区别以外，黑色表示电阻，棕色表示电容，淡蓝色表示电感。

图 解

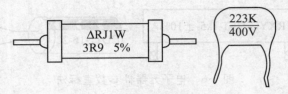

图 1-7 元器件参数文字符号法

② 电阻的基本标注单位是欧姆（Ω），电容的基本标注单位是皮法（pF），电感的基本标注单位是微亨（μH）；用三位数字标注元件的数值。

③ 对于十个基本标注单位以上的元件，前两位数字表示数值的有效数字，第三位数字表示数值的倍率。

例如，对于电阻器上的标注，100 表示其阻值为 $10 \times 10^0 = 10\Omega$，223 表示其阻值为 $22 \times 10^3 = 22k\Omega$；

对于电容器上的标注，103 表示其容量为 $10 \times 10^3 = 10000pF = 0.01\mu F$，475 表示其容量为 $47 \times 10^5 = 4700000pF = 4.7\mu F$；

对于电感器上的标注，820 表示其电感量为 $82 \times 10^0 = 82\mu H$。

④ 对于十个基本标注单位以下的元件，用字母"R"表示小数点，其余两位数字表示数值的有效数字。例如，

对于电阻器上的标注，R10 表示其阻值为 0.1Ω，3R9 表示其阻值为 3.9Ω；

对于电容器上的标注，1R5 表示其容量为 1.5pF；

对于电感器上的标注，6R8 表示其电感量为 $6.8\mu H$。

(3) 色标法

为了适应电子元器件不断小型化的发展趋势，在圆柱形元件（主要是电阻）体上印制色环、在球形元件（电容、电感）和异形器件（如三极管）体上印制色点，表示它们的主要参数及特点，称为色码（color code）标注法，简称色标法。今天，色标法已经得

到了广泛的应用。

色环最早用于标注电阻，其标志方法也最为成熟统一。现在，能否识别色环电阻，已经是考核电子行业从业人员的基本项目之一。下面对电阻的色环标注加以详细说明。

用背景颜色区别种类——用浅色（淡绿色、淡蓝色、浅棕色）表示碳膜电阻，用红色表示金属膜或金属氧化膜电阻，深绿色表示线绕电阻。

用色码（色环、色带或色点）表示数值及允许偏差——国际统一的色码识别规定如表1-3所示。

表1-3 国际统一色码识别法

颜　色	有效值	倍　率	允许偏差
黑	0	10^0	—
棕	1	10^1	±1
红	2	10^2	±2
橙	3	10^3	—
黄	4	10^4	—
绿	5	10^5	±0.5
蓝	6	10^6	±0.25
紫	7	10^7	±0.1
灰	8	10^8	
白	9	10^9	−20％～＋50％
金		10^{-1}	±5％
银		10^{-2}	±10％
无色			±20％

常见元件参数的色标法如图1-8所示。

用色码表示数字编号也是常见的用法，例如，彩色扁平带状电缆就是依次使用顺序排列的棕、红、橙、……、黑色，表示每条线的编号1、2、…、10。

图　解

棕黑绿棕 棕

电阻:阻值为1.05kΩ
允许偏差为±1%

(a)

红红棕 金

电感:标称值为220μH
允许偏差为±5%

(b)

蓝 灰 红　银

电容:标称值为6800pF 允许偏差为±10%

(c)

图 1-8　元器件参数色标法

色码还可用来表示元器件的某项参数,原电子工业部标准规定,用
色点标在半导体三极管的顶部,表示共发射极直流放大倍数 β 或
h_{FE} 的分挡,其意义见表 1-4。

表 1-4　用色点表示半导体三极管的放大倍数

色点	棕	红	橙	黄	绿	蓝	紫	灰	白	黑
β 分挡	0～15	15～25	25～40	40～55	55～80	80～120	120～180	180～270	270～400	400以上

另外,色点和色环还常用来表示电子元器件的极性。例如,电
解电容器外壳上标有白色箭头和负号的一极是负极;玻璃封装二极
管上标有黑色环的一端、塑料封装二极管上标有白色环的一端为负
极;某些三极管的管脚非标准排列,在其外壳的柱面上用红色点表
示发射极等。

1.3 电子元器件的检验和筛选

为了保证电子整机产品能够稳定、可靠地长期工作，必须在装配前对所使用的电子元器件进行检验和筛选。在正规化的电子整机生产厂中，都设有专门的车间或工位，根据产品具体电路的要求，依照元器件的检验筛选工艺文件，对元器件进行严格的"使用筛选"。使用筛选的项目，包括外观质量检验、老化筛选和功能性筛选。

1.3.1 外观质量检验

在电子整机产品的生产厂家中，对元器件外观质量检验的一般标准是：

① 元器件封装、外形尺寸、电极引线的位置和直径应该符合产品标准外形图的规定。

② 外观应该完好无损，其表面无凹陷、划痕、裂口、污垢和锈斑；外部涂层不能有起泡、脱落和擦伤现象。

③ 电极引出线应该镀层光洁，无压折或扭曲，没有影响焊接的氧化层、污垢和伤痕。

④ 各种型号、规格标志应该完整、清晰、牢固；特别是元器件参数的分挡标志、极性符号和集成电路的种类型号，其标志、字符不能模糊不清或脱落。

⑤ 对于电位器、可变电容或可调电感等元器件，在其调节范围内应该活动平顺、灵活，松紧适当，无机械杂音；开关类元件应该保证接触良好，动作迅速。

各种元器件用在不同的电子产品中，都有自身的特点和要求，除上述共同点以外，往往还有特殊要求，应根据具体的应用条件区别对待。

在业余条件下制作电子产品时，对元器件外观质量的检验，可以参照上述标准，但有些条款可以适当放宽。并且，有些元器件的毛病能够修复。例如，元器件引线上有锈斑或氧化层的，可以擦除后重新镀锡；玻璃或塑料封装的元器件表面涂层脱落的，可以用油漆涂补；可调元件或开关类元件的力学性能，可以经过细心调整改善等。但是，这绝不意味着业余制作时可以在装焊前放弃对电子元器件的检验。

1.3.2 电气性能使用筛选

电子整机中使用的元器件，一般需要在长时间连续通电的情况下工作，并且要受到环境条件和其他因素的影响，因此要求它们必须具有良好的可靠性和稳定性。要使电子整机稳定可靠地工作，并能经受环境和其他一些不可预见的不利条件的考验，对元器件进行必要的筛选老化，是非常重要的一个环节。

前面已经介绍了电子元器件的失效率概念。我们知道，电子元器件的早期失效是十分有害的，但又是不可避免的。因此，怎样剔除早期失效的元器件，使它们在装配焊接时就已经进入失效率很低的正常使用阶段，从而保证整机的可靠性，这一直是工业产品生产中的重大研究课题。

每一台电子整机产品都要用到很多元器件，在装配焊接之前把元器件全部逐一检验筛选，事实上也是困难的。所以，整机生产厂家在对元器件进行使用筛选时，通常是根据产品的使用环境要求和元器件在电路中的工作条件及其作用，按照国家标准和企业标准，分别选择确定某种元器件的筛选手段。在考虑产品的使用环境要求时，一般要区别该产品是否军工产品、是否精密产品、使用环境是否恶劣、产品损坏是否可能带来灾害性的后果等情况；在考虑元器件在电路中的工作条件及作用时，一般要分析该元器件是否关键元器件、功率负荷是否较大、局部环境是否良好等因素，特别要认真研究元器件生产厂家提供的可靠性数据和质量认证报告。对那些要求不是很高的低档电子产品，一般采用随机抽样的方法检验筛选元器件；而对那些要求较高、工作环境严酷的产品，则必须采用更加严格的老化筛选方法来逐个检验元器件。

需要特别注意的是，采用随机抽样的方法对元器件进行检验筛选，并不意味着检验筛选是可有可无的——凡是科学管理的企业，即使是对于通过固定渠道进货、经过质量认证的元器件，也都要长年、定期进行例行的检验（例行试验）。例行试验的目的，不仅在于验证供应厂商提供的质量数据，还要判断元器件是否符合具体电路的特殊要求。所以，例行试验的抽样比例、样本数量及其检验筛选的操作程序，都是非常严格的。

老化筛选的原理及作用是，给电子元器件施加热的、电的、机械的或者多种结合的外部应力，模拟恶劣的工作环境，使它们内部的潜在故障加速暴露出来，然后进行电气参数测量，筛选剔除那些失效或参数变化了的元器件，尽可能把早期失效消灭在正常使用之前。

筛选的指导思想是，经过老化筛选，有缺陷的元器件会失效，而优质品能够通过。这里必须注意实验方法正确和外加应力适当，否则，可能对参加筛选的元器件造成不必要的损伤。

在电子整机产品生产厂家里，广泛使用的老化筛选项目有高温存储老化、高低温循环老化、高低温冲击老化和高温功率老化等，其中高温功率老化是目前使用最多的试验项目。高温功率老化是给元器件通电，模拟它们在实际电路中的工作条件，再加上 $80 \sim 180℃$ 之间的高温进行几小时至几十小时的老化，这是一种对元器件的多种潜在故障都有筛选作用的有效方法。

老化筛选需要专门的设备，投入的人力、工时、能源成本也很高。随着生产水平的进步，电子元器件的质量已经明显提高，并且电子元器件生产企业普遍开展在权威机构监督下的质量认证，一般都能够向用户提供准确的技术资料和质量保证书，这无疑可以减少整机厂对筛选元器件的投入。所以，目前除了军工、航天电子产品等可靠性要求极高的企业还对元器件进行 100% 的严格筛选以外，一般都只对元器件进行抽样检验，并且根据抽样检验的结果决定该种、该批的元器件是否能够投入生产；如果抽样检验不合格，则应该向供货方退货。

对于电子技术爱好者和初学者来说，在业余制作之前对电子元器件进行正规的老化筛选一般是不太可能的，通常可以采用的方法是：

① 自然老化——人们发现，对于电阻等多数元器件来说，在使用前经过一段时间（如一年以上）的储存，其内部也会产生化学反应及机械应力释放等变化，使它的性能参数趋于稳定，这种情况叫做自然老化。但要特别注意的是，电解电容器的储存时间一般不要超过半年，这是因为在长期搁置不用的过程中，电解液可能干涸，电容量将逐渐变小，甚至彻底损坏。存放时间超过半年的电解电容器，应该进行"电锻老化"恢复其性能；存储时间超过三年的，就应该认为已经失效。注意：电解液干涸或电容量减小的电解电容器，可能在使用中发热以致爆炸。

② 简易电老化——对于那些工作条件比较苛刻的关键元器件，可以按照图 1-9 所示的方法进行简易电老化。其中，应该采用输出电压可以调整并且未经过稳压的脉动直流电压源，使加在元器件两端的电压略高于额定（或实际）工作电压，调整限流电阻 R，使通过元器件的电流达到 1.5 倍额定功率的要求，通电 5min，利用元器件自身的功耗发热升温（注意不能超过允许温度的极限值），来完成简易功率老化。还可以利用图 1-9 的电路对存放时间超过半年的电解电容器进行电锻老化：先加上三分之一的额定直流工作电压半小时，再升到三分之二的额定直流工作电压 1h，然后加额定直流工作电压 2h。

图 解

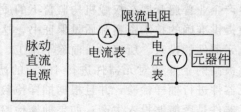

图 1-9　简易电老化电路

③ 参数性能测试——经过外观检验及老化的元器件，应该进行电气参数测量。要根据元器件的质量标准或实际使用的要求，选用合适的专用仪表或通用仪表，并选择正确的测量方法和恰当的仪表量程。测量结果应该符合该元器件的有关指标，并在标称值允许的偏差范围内。具体的测试方法，这里不再详述，但有两点是必须注意的：

第一，绝不能因为元器件是购买的"正品"而忽略测试。很多初学者由于缺乏经验，把未经测试检验的元器件直接装配焊接到电路上。假如电路不能正常工作，就很难判断原因，结果使整机调试陷入困境，即使后来查明了电路失效是因为某种元器件不合格，也因为已经对元器件做过焊接，供货单位不予退换。

第二，要学会正确使用测量仪器仪表的方法，一定要避免由于测量方法不当而引起的错误或不良后果。例如，用晶体管特性测试仪测量三极管或二极管时，要选择合适的功耗限制电阻，否则可能损坏晶体管；用指针式万用表测量电阻时，要使指针指示在量程刻度中部的三分之一范围内，否则读数误差很大；等等。

1.4 安装工艺

安装是电子产品生产过程中的基本工艺和必要阶段。安装就是将组成产品的元器件和零件、部件、材料等按图样装接在规定位置上，即将产品各个构件之间通过各种连接方式，组装成具有独立功能的新的构件，直至最终组装成电子产品的过程。

1.4.1 安装工艺的整体要求

一个电子整机产品的安装是一个复杂的过程，它是将品种及数量繁多的电子元器件、机械安装件、导线、材料等，采用不同的连接方式和安装方法，分阶段、有步骤地结合在一起的一个工艺过程。安装工艺要以安全高效地生产出优质产品为目的，应满足下面几点要求。

① 保证安全使用。电子产品安装时，安全是首要大事，不良的装配不仅直接影响产品的性能，而且会造成安全隐患。

② 确保安装质量。即成品的检验合格率高，技术指标一致性好。

③ 保证足够的机械强度。在电子产品中，特别是大型电子产品中，对于质量较大或比较重要的电子元器件、零部件，考虑到运输、搬动或设备本身带有活动的部分（如洗衣机、电风扇等），安装时要保证足够的机械强度。

④ 尽可能地提高安装效率，在一定的人力、物力条件下，合理安排工序和采用最佳操作方法。

⑤ 确保每个元器件在安装后能以其原有的性能在整机中正常工作。也就是不能因为不合格的安装过程而导致元器件的性能降低或改变参数指标。

⑥ 制定详尽的操作规范。对那些直接影响整机性能的安装工艺，尽可能采用专用工具进行操作。

⑦ 工序安排要便于操作，便于保持工件之间的有序排列和传递。在安装的过程中，要把大型元器件、辅助部件组合安装在机架或底板上，安装时遵循的原则是：先轻后重，先小后大，先铆后装，先装后焊，先里后外，先下后上，先平后高，上道工序不得影响下道工序，下道工序不得改动上道工序。

1.4.2 安装的工艺流程

安装工艺因产品而异，没有统一的流程，可以根据具体产品来安排一定的工艺流程。如以印制电路板的流动为线索来表示某种电子产品安装的主要过程，还有大量细节以及辅助工作，如生产前各种设备的预热调试工作，各种辅料辅件、工棋夹具的准备工作等。

另外，安装的工艺流程要考虑到产品的安装效益。

1.4.3 安装工艺中的紧固和连接

电子产品的元器件之间，元器件与机板、机架以及与外壳之间的坚固连接方式主要有焊接、压接、插装、螺装、铆接、粘接、卡口扣装等。

(1) 焊接

　　焊接是电子产品中主要的安装方法，是通过加热、加压，或两者并用，使两工件产生原子间结合的加工工艺和连接方式。焊接应用广泛，既可用于金属，也可用于非金属，它是把各种各样的金属零件按设计要求组装起来的重要连接方法之一。焊接具有节省金属、减轻结构重量、生产效率高、接头力学性能和紧密性好等特点，因而得到了十分广泛的应用。

　　在生产中，使用较多的焊接方法主要有熔焊、电阻焊和钎焊三类。

(2) 压接

　　压接是用专门的压接工具（如压接钳），在常温的情况下对导线、零件接线端子施加足够的压力，使本身具有塑性或弹性的导体（导线和压接端子）变形，从而达到可靠的电气连接。压接的特点是简单易行，无须加热，而且金属在受压变形时内壁产生压力而紧密接触，破坏表面氧化膜，产生一定的金属互相扩散，从而形成良好的连接，不需第三种材料的介入，压接点的电阻等器件很容易做得比焊接还低。

(3) 插接

　　插接是利用弹性较好的导电材料制成插头、插座，通过它们之间的弹性接触来完成紧固。插接主要用于局部电路之间的连接以及某些需要经常拆卸的零件的安装。通常很多插接件的插接都是压接和插接的结合连接。

　　插接安装时应注意如下几个问题。

注 意

　　① 必须对号入座。设计时尽量避免在同一块印制板上安排两个或两个以上完全相同的插座，且不允许互换使用插座，否则安装时容易出错。万一有这种情形，组装或修理时就要特别留意。

② 注意对准插座再插入插件。插件插入时用力要均衡，要插到位，插入时尽可能在插座的反面用手抵住电路板后再加力，以免电路板过度地弯折而受损。

③ 注意锁紧装置。很多插件都带有辅助的锁紧装置，安装时应该及时将其扣紧、锁死。

(4) 螺装

用螺钉、螺母、螺栓等螺纹连接件及垫圈将各种元器件、零部件坚固安装在整机上各个位置上的过程，称为螺装，这种连接方式具有结构简单、装卸方便、工作可靠、易于调整等特点，在电子整机产品装配中得到了广泛应用。

电子产品中使用螺钉、螺母、螺栓时要注意以下问题。

① 分清螺纹。要分清是金属螺纹还是木制螺纹，是英制螺纹还是公制螺纹，是精密螺纹还是普通螺纹，不同的螺纹安装方法会有所不同。

② 选定型号。要选定具体采用哪一种型号的螺钉，是自攻螺钉还是非自攻螺钉，是沉头螺钉还是非沉头螺钉，各种型号之间是不能随便代用的。

③ 确定材质。确定用的是铜螺钉还是钢螺钉。如果用于电气连接的场合，往往采用铜螺钉，导电率高且不易生锈。当两个电接头的导电面可以直接相贴，电流可以不经螺杆时，则采用钢螺钉会有更好的结合强度。

④ 选好规格。坚固无螺纹的通孔零件时，让孔径比螺杆大10%以内为宜；螺钉长度以旋入四扣丝以上或露出螺母一扣丝、二扣丝为宜，过短不可靠，过长则影响外观，降低工作效率。

⑤ 加有垫圈。安装孔偏大或荷载较重时要加垫平垫圈；被压材质较脆时要加纸垫圈；电路有被短路的危险时要加绝缘垫圈；需耐受震动的地方必须加弹簧垫圈，弹簧垫圈要紧贴螺母或螺钉头安装；对金属部件应采用刚性垫圈。

⑥ 选好工具。起子或扳手的工作端口必须棱角分明，尺寸和形状都要与螺钉或螺母十分吻合；手柄要大小适度，电批和风批则

要调好力矩。

⑦ 松紧方法。拧紧长方形的螺钉组时，须从中央开始逐渐向两边对称扩展。拧紧方形工件和圆形工件时，应交叉进行。无论装配哪一种螺钉组，都应先按顺序装上螺钉，然后分步骤拧紧，以免发生结构变形和接触不良的现象。用力拧紧螺钉、螺母、螺栓时，切勿用力过猛，以防止滑丝。拧紧或拧松螺钉、螺母或螺栓时，应尽量用扳手或套筒使螺母旋转，不要用尖嘴钳松紧螺母。

(5) 铆接

铆接是指用各种铆钉将零件或部件连接在一起的操作过程。有冷铆和热铆两种方法。在电子产品装配中，常用铜或铝制作的各种铆钉，采用冷铆进行铆接。铆接的特点是安装坚固、可取、不怕振动。铆接时的要求有：

① 当铆接半圆头的铆钉时，铆钉头应完全平贴于被铆零件上，并应与铆窝形状一致，不允许有凹陷、缺口和明显的裂开；

② 铆接后不应出现铆钉杆歪斜和被焊件松动的现象；

③ 用多个铆钉连接时，应按对称交叉顺序进行；

④ 沉头铆钉铆接后应与被铆面保持平整，允许略有凹下，但不得超过 0.2mm；

⑤ 空头铆钉铆紧后扩边应均匀、无裂纹，管径不应歪扭。

(6) 粘接

粘接也称胶接，是将合适的胶黏剂涂敷在被粘物表面，因胶黏剂的固化而使物体结合的方法。粘接是为了连接异形材料而经常使用的。如陶瓷、玻璃、塑料等材料，均不宜采用焊接、螺装和铆装。在一些不能承受机械力、热影响的地方（如应变片）粘接更有独到之处。

形成良好的粘接有 3 个要素：适宜的胶黏剂、正确的粘接表面处理和正确的固化方法。常用的黏合剂有：快速黏合剂聚丙烯酸酯胶（501 胶、502 胶）；环氧类黏合剂，导电胶、导磁胶、热熔胶、压敏胶和光敏胶等。

粘接与其他安装、连接方式相比，具有以下特点：

① 应用范围广，任何金属、非金属几乎都可以用黏合剂来连接；

② 粘接变形小，避免了铆接时受冲击力和焊接时受高温的作用，使工件不易变形，常用于金属板、轻型元器件和复杂零件的连接；

③ 具有良好的密封、绝缘、耐腐蚀的特性；

④ 用黏合剂对设备和零件、部件进行复修，工艺简单，成本低；

⑤ 粘接的质量的检测比较困难，不适宜于高温场合，粘接接头抗剥离和抗冲击能力差，且对零件表面洁净程度和工艺过程的控制比较严格。

(7) 卡口扣装

为了简化安装程序，提高生产效率，降低成本，以及为了美观，现代电子产品中越来越多地使用卡口锁扣的方法代替螺钉、螺栓来装配各种零部件，充分利用了塑性和模具加工的便利。卡口扣装有快捷、成本低、耐振动等优点。

1.5 电子元器件的失效分析

电子元器件的失效分析是研究电子元器件可靠性的主要内容之一。因为在电子元器件可靠性研究中，通过大量试验统计出电子元器件的失效率，定量地描述电子元器件的可靠性水平是必须的，但不充分。所以还需要利用各种分析方法研究电子元器件失效的原因，如材料、工艺、结构和使用等。根据失效分析得到的结果，制定改进措施，进一步提高产品质量。将失效分析与提高产品质量密切结合起来是失效分析工作者应努力完成的重要任务。

1.5.1 失效分析的目的和程序

从广义的角度上看，失效分析是研究失效物理的技术基础。它为失效物理研究和发展提供必要的方法和数据信息。

失效分析的目的是找出导致电子元器件产生失效的各种内在原因。分析失效的性质、特征，特别是产生的原因。然后提出旨在消除引起失效因素的建议或措施，这是一项非常复杂细致的工作。不认真对待可能得不到结果，甚至得出错误结果。

(1) 失效分析的目的

失效分析的目的是找出导致电子元器件失效的（现场的或加速试验产生的）各种内在原因，从而设法改进或消除。从可靠性预测角度来看，它属于广义的可靠性预测范畴。与一般可靠性预测的不同之处在于：失效分析是在设计和研制的初期阶段就预见出在现场使用时可能发生的难以应付的故障，并预先采取对策（一般是改进设计方案或工艺措施），以防止发生这种故障或缓和故障的影响。

根据这种目的，一个完整的失效分析工作应考虑下面几个问题。

① 现象或效应。

在进行有关电性能测试时表现为开路、短路，电路失去相应的功能，或有关参数退化、超差等。

② 失效模式鉴定。

根据出现的失效现象或效应判断其原因。例如开路现象可能和内部金丝、铝丝折断，金属铝膜开路或压焊点脱开有关。

③ 失效特征的描述。

用相应的形状，大小位置、颜色、化学组成、物理结构、物理性质等形式来科学地表征或阐明与上述失效模式有关的失效现象或效应。

④ 失效机构的假设。

根据上述有关特征的描述，综合材料性质、制造工艺理论和实际经验，提出可能导致产生这种失效模式的内在原因或规律。例如，导电薄膜断开造成的开路，可能是由于机械划伤、局部过薄过窄，因电流密度过大烧断形成开路；可能由于表面沾污发生化学腐蚀而断开，或由于电迁移现象造成开路等。

⑤ 证实。

通过各种经验检查上面假设的失效机构是否正确。

⑥ 改进措施。

根据上述分析和判断，提出消除产生失效有关因素的建议或措施。其中包括材料、工艺、结构、电路、设计、使用方法和使用条件等各方面的改进建议。

做好上述工作，对于电子元器件的制造单位或使用单位，在提高产品质量和可靠性方面都有益处。由此看出，失效分析的目的是为生产和使用单位服务，为生产优质电子元器件和整机产品提供可靠性方面的信息。

(2) 失效分析程序

失效分析程序是进行失效分析工作的方法步骤。

国外对这项工作十分重视。特别是对大型系统。例如，发射导弹系统，若有一个电子元器件或零部件发生故障都会给发射工作带来巨大危害。美国在发射"民兵"导弹时，贝尔实验室建立的失效树分析方法，对导弹发射控制系统的安全性估计做出了卓越贡献。

失效树分析方法首先从确定一个不希望出现的事件（称为顶端事件）开始，然后寻找影响顶端事件的因素，以便判别基本失效，确定其原因、影响及发生的概率。具体分析过程如下：

首先，在分析过程中要不断回答。"这一事件是怎样发生的？"问题，使"树"不断地生长，一直到不再扩展出新的树枝（事件）为止。这最终事件称为原始事件。

第二步，用逻辑符号把顶端事件与原始事件的关系表示出来，显示出可能导致系统失效或危及安全的基本失效和事件。

第三步，收集可以用来进行计算的基本失效数据和信息。

第四步，运用计算方法分析基本失效，确定失效概率及其对系统的危害程度。

第五步，提出改进措施，以减少乃至消除那些严重影响系统的故障。

在分析过程中，最重要的工作是收集失效数据和信息。包括失效元件的规格型号、技术性能、失效判据、失效时间、失效时元件所处的环境、应力情况、工作条件、失效现象的观察和记录等。

为了准确及时地得到失效产品的信息，应建立产品履历卡和故障记录卡。产品履历卡主要记载产品规格、型号、生产单位、出厂日期、安装方式（可移动程度、安放状态）、特定环境（工作环境、湿度范围、气压范围、温度范围、大气状态）、工作方式（连续、间歇、一次性使用）及投入使用前的保存和运输条件等。故障记录卡主要记录故障发生的部位、失效的形式（突然失效、间歇失效、老化失效、噪声异常、性能波动等）、失效模式（机械、电气、理化、人为等）及失效类型（偶然、从属、耗损等）。

电子元器件种类繁多，失效形式多种多样。因此在失效分析程序上也有各种差异。但应以事实为依据，认真地收集各种数据信息，采用科学的分析方法，系统地总结和保存有关样品和资料，不断地改进和提高失效分析工作的准确性，当好生产部门和使用部门的参谋和助手。

1.5.2 失效模式和失效机理

失效模式就是失效的表现形式，一般是指元器件发生失效时的状态。如电气的短路或开路、机械性断裂、电参数漂移等。失效机理则指造成元器件和集成电路失效的实质性原因。两者相比，前者从宏观角度或表面上看问题，只研究产品在什么部位怎样失效的；后者从微观角度，从原子、分子角度研究元件失效的原因。

进行失效模式研究时，可利用试验现场的数据和信息推导实际失效模式，也可用设计分析、可靠性预计与失效产品状态有关的经验，推导出假设失效模式。

进行失效机理分析时，应尽可能使用非破坏性或破坏性较小的检验方法，消耗样品量少的理化方法。用红外线扫描仪可研究和测量电子元器件或集成电路的温度分布和局部发热地，用扫描电镜可在不破坏样品的情况下研究失效部位的形态和化学成分。

下面介绍各种电子元器件和混合集成电路的失效模式及失效机理。

（1）电阻器

电阻器是各种电子元器件中产量最大、用量最多的元件。其产量都以"亿只"为单位计算，电阻器包括有固定电阻器和可变电阻器两种类型。根据电阻材料及几何结构的不同，它包括有碳膜电阻器、金属膜电阻器、金属氧化膜电阻器、片式厚膜电阻器、有机实芯电阻器、线绕电阻器和电阻网络等。

电阻器的失效模式有两种：突然失效和性能老化缓慢失效。

突然失效主要表现为电阻开路和短路。产生这种现象的原因主要是引线帽和各种电阻膜层接触不良、引线疲劳断裂、构成电阻器的零部件有缺陷，产生局部过热烧毁、保护漆层质量不好，受潮发生电解作用、功率型线绕电阻绕组松散造成线匝短路、过热，最后烧毁。

性能老化缓慢失效表现为电阻值漂移超差、电阻温度系数变化、电压系数和噪声系数变化。原因是构成电阻器的零部件氧化或电解腐蚀。例如，因潮湿产生变形、腐蚀及漏电流增大；电解作用造成电阻体和其他部件损伤；高电场作用使绝缘性能下降，局部过热使导线或电阻条烧坏；机械磨耗引起阻值漂移或噪声增大等。在使电阻性能老化失效的诸因素中，潮湿是重要因素。由于潮湿和水分可导致电解作用。特别在高温和强电场情况下，更容易发生这种现象。如薄膜型电阻器（碳膜、金属膜、金属氧化膜等）为调整阻值切割的螺旋状电阻膜条，螺旋槽间有不同电位，当槽中吸有水分时，因阳极氧化反应使电阻条的阻值增大。陶瓷基体中含有钾、钠等碱性离子也会因吸水而发生电解。电阻体局部发生变化造成电阻体发热不均，局部温度过高加速电阻性能老化。当电阻器联结在恒压电路时，因老化使电阻值下降而导致消耗功率上升加速了老化。当超过额定功率时电阻器将被烧毁。

下面以碳膜电阻器为例说明电解作用造成失效的危害性。为了直接并迅速地研究联膜电阻器在高温高湿环境中的失效，常用煮水再加电负荷方法进行加速老化试验。将电阻器在水中煮沸一小时后放入冰水中浸泡，然后再加电压负荷。测量试验前的阻值 R_0 和试

验后电阻值 R_1，用变化率 $\Delta R/R$ 来研究失效状况。

用 1/4W、240kΩ 的碳膜电阻器分别在自来水和去离子水中煮沸一小时，然后放入冰水中浸泡。再加 250V 电压负荷。试验结果分别见表 1-5 和表 1-6。

从试验结果看到：首先，煮水试验之后，电阻值增大甚至出现开路现象；其次，用去离子水和自来水煮水试验没有明显差异。从失效机理分析主要是碳膜电阻层发生电解氧化反应使阻值增大或开路所致。在煮水过程中，因热胀冷缩作用通过保护漆层渗水，使水分子进入碳膜表面和刻槽的槽间，形成电解反应的电解质（水）。施加电压后，阳极一侧的碳膜发生氧化反应使碳膜被腐蚀破坏。

(2) 电容器

电容器在电子元器件中也是数量大应用范围广的元件。与电阻器相比它的种类更多，材料、结构和性能方面的差异更大，例如，陶瓷电容器的介质是陶瓷，电极是 Ag 或 Ni。有机电容器介质是高分子薄膜，如聚乙烯、聚苯乙烯、聚丙烯、涤纶、聚酯及电容器纸等，电极多是铝箔。在电解电容器中，铝电解电容器阳极是铝箔、介质是阴极铝箔上形成的 Al_2O_3 膜，阴极是工作电解液（电糊）；钽电解电容器阳极是金属钽粉烧结体，介质是在阳极钽烧结体上形成的 Ta_2O_5 膜，阴极是工作电解液或 MnO_2。不难看出，电容器的种类和工作机理比电阻器复杂，失效分析工作也较艰巨。

电容器的失效模式有三种：开路、短路和性能老化。开路失效模式表现为电容器无容量、绝缘电阻无限大。失效原因是：引线疲劳断开、引线脆硬折断、引线氧化、接触电阻增大等；浪涌电流过大使引线或铝箔烧毁；陶瓷电容器引线与 Ag 电极焊接不牢脱落。短路失效模式是电极之间发生短路。它的失效机理为陶瓷电容器绝缘边过小，Ag 离子迁移形成短路；介质膜有针孔使电极局部联通；介质击穿后电极联通；由于腐蚀、结构不良、浪涌电流过大引起介质击穿。

电容器性能老化失效表现为电容量漂移、介质损耗增大、绝缘电阻减小和击穿电压下降。其原因是浸渍材料性能老化或电解液消

表 1-5 去离子水煮水实验结果

序号 性能	1	2	3	4	5	6	7	8	9	10
R_0/kΩ	235.7	236.0	240.4	237.4	238.8	236.5	238.2	238.1	239.4	237.4
R_1/kΩ	264.1	236.2	∞	251.6	∞	∞	238.8	396.7	∞	239.0
$(\Delta R/R_0)$/%	12	0	∞	6	∞	∞	0.3	66	∞	0.7
失效比率	70%($\Delta R/R_0$<5%为合格)									

表 1-6 自来水煮水实验结果

序号 性能	1	2	3	4	5	6	7	8	9	10
R_0/kΩ	237.1	239.6	238.1	239.2	235.1	238.7	240.5	235.6	237.5	237.4
R_1/kΩ	∞	252.1	∞	∞	240.3	270.0	∞	238.8	241.1	∞
$(\Delta R/R_0)$/%	∞	5.2	∞	∞	2.2	13	∞	1.4	1.5	∞
失效比率	70%($\Delta R/R_0$<5%为合格)									

耗及受潮等。

交流浸渍型有机介质电容器因局部放电,使浸渍材料受焦耳热沸腾,产生大量气体,造成电容器内部压力不断增大,引起电容器鼓胀或爆裂,大容量电解电容器最易发生这种失效。

铝电解电容器常见的失效是工作电解液漏液。这种电容器是非密封结构,工作电解液是它的直接阴极,漏液和干涸使阴极失去作用。工作电解液是非中性材料,它渗漏到电路板上能腐蚀电路和其他元器件,直接影响电子仪器的可靠性。

金属化聚酯薄膜电容器是彩色电视机回扫变压器用耐高压电容器。耐电压可达 24kV。在 40℃、1000 小时耐久性试验时发生的失效有电容量减小、完全无容量和损耗增大。解剖电容器发现铝膜电极有发黑、发花或脱落现象。通过电子显微分析得知,铝膜发黑是由碳和氧的严重污染,使反光率下降引起损耗增大。铝膜发花或脱落是生产过程中受潮,铝膜发生氧化和腐蚀造成的。

(3) 半导体器件

半导体器件有二极管、三极管、可控硅器件和集成电路等。出于半导体器件的特殊性,失效模式及失效机理与阻容元件相比有许多不同之处。如失效机理就有表面失效机理、体内失效机理和结构失效机理等类型。

半导体器件失效分析的形式为:从外观或电性能测试检测分析和打开外壳检查分析两种形式。

从外观或电性能测试检测的失效形式主要是:涂漆脱落、标志不清、外引线折断或松动、封装不完整、外壳明显缺陷、漏气、电参数漂移、开路、短路、PN 结退化或击穿。

打开外壳检测的失效形式主要是:芯片与基座粘合不良或脱开,内引线有缺陷、内引线断开、内引线尾部过长、键合有缺陷、键合点变形、键合位置不当、内引线与管脚键合不良;芯片涂覆不良、芯片上有外来异物、芯片裂缝;氧化层划伤、断裂、针孔、过薄、龟裂、介质强度低;光刻缺陷、对准不佳、钻蚀、毛刺等。

(4) 电子敏感器件

电子敏感器件种类很多，其中包括光敏器件（光敏电阻、光电二极管、光电三极管）、磁敏器件（霍尔器件、磁敏二极管、磁敏三极管、磁敏电阻、韦根德器件、超导量子器件）、力敏器件（金属应变片、硅力敏电阻、压电器件）、热敏器件（热敏电阻、热释电器件）湿敏器件和气敏器件等。它们所用材料有半导体材料（Ge、Si、GaAs、InSb）、陶瓷材料（$BaTiO_3$、ZrO_2、SnO_2、ZnO）及金属材料等。它们的失效模式和失效机理显得更复杂。

1）热敏电阻

热敏电阻有两种类型，一种是以 $BaTiO_3$ 为主要原料的正温度系数热敏电阻（PTC），另一种是以 NiO、CoO、MnO 及 CuO 等为主要原料的负温度系数热敏电阻（NTC）。这种器件的失效模式是长期使用或储存过程中电阻值发生不可逆的增大或减小。

对于 NTC 热敏电阻电阻值发生不可逆变化，有三种原因。首先是陶瓷内部缺陷浓度的变化。NTC 热敏电阻的载流子浓度与晶格中各种缺陷的浓度密切相关。氧化物半导体陶瓷，在每一个温度下都存在内部缺陷浓度与环境气氛（氧分压）平衡的问题。热敏材料从高温烧结到冷却出炉，不可能慢到使低温平衡态充分地建立起来。因此，热敏电阻在室温下总是处于非平衡状态。由高温态向低温态过渡时，若使载流子浓度增加，则阻值减小，反之则增大。通常都通过提高烧结温度或烧结后的热处理来减少老化的影响。其次是内应力的均匀化和电阻体微观裂缝的影响。NTC 半导体瓷由高温到低温冷却时，由于散热不均匀及晶型转变，坯体收缩率不一致，应力分布不均匀。应力集中的地方，电阻值偏低。在使用或储存中，应力分布趋向均匀化，电阻值变大。另外在坯体中的微观裂缝形成了高阻区。在使用过程中，裂缝的蔓延使电阻值增大。第三是晶粒间界的影响。NTC 半导体瓷是一种多晶多相材料。晶粒边界的成分和电性能与晶粒内部有很大差异。烧结时，杂质可能富集在边界上，常温下就沿着晶粒边界扩散。使用时，电场使一些杂质电离，造成性能不稳定。

引起热敏电阻性能老化的化学原因非常重要。由于热敏电阻在一定温度下使用，在热作用下周围气氛逐步与电阻材料发生化学作用。例如，氧化、还原、化学吸附和解吸等使热敏电阻性能发生变化。当热敏电阻用有机漆作保护层时，漆层的固化收缩施放出部分挥发性气体。在高温聚合和老化时，这些气体扩散到晶粒边界上形成物理吸附或化学吸附使电阻值增大。在使用和储存过程中，这些吸附的气体可能逐步排出使电阻值下降。这种现象可能持续几个月或一年以上。

片状或杆状热敏电阻用分子银烧渗成电板，然后用锡焊料焊接引线。在长期的高温下使用，银层老化使接触电阻增大。珠状热敏电阻直接用铂或铂合金丝作引线。经过温度循环后引线和瓷体的结合松弛导致接触电阻增大。严重时甚至破坏应有的接触而开路。

2）压敏电阻

这种电阻是利用 ZnO 半导体瓷及陶瓷生产工艺创造的。其失效模式中除机械损伤之外，主要是长期工作使电性能变劣。例如，在经过长时间的交流、直流，或高浪涌负荷冲击后，其伏安特性曲线出现蜕变现象。使压敏电压下降，伏安特性变坏，正反向电压的伏安特性曲线不对称等。产生这种失效的基本原因与正反向偏置电压下，势垒两侧的离子迁移有关。若电阻器各部位在性能上不均匀一致，某些部位的电流密度过大，局部升温过高，造成伏安特性有大的蜕变。当电流密度过大时，甚至局部熔融成孔，产品遭到毁坏。大面积片状电阻器中，这种现象更突出。

3）气敏元件

气敏元件是用 SnO_2、ZnO 和 Fe_2O_3 等材料制造的。在使用中出现的质量问题主要是稳定性和选择性较差。使用时，气敏元件要加热到一定温度，因此元件工作温度对性能影响较大。若使用不当，不仅元件的检测灵敏度降低，而且造成元件加速失效甚至损坏。另外，当气敏元件长时间工作在高浓度检测气体中时，元件会"中毒"失去检测能力而失效。

这种元件常见的失效模式有两种：一种是元件的加热电阻

丝——铂丝烧断；另一种是敏感材料全部或部分失效。

另外，当元件工作温度很高时，由于检测气体与元件吸附的氧发生反应，又进一步使元件温度升高，更容易失效。在失效的元件中观察到某些部位颜色有较大的变化，如由白色变成棕色。

4）力敏器件

力敏器件是测量各种力学量的敏感器件。力敏器件有两种类型：一种是金属应变片；另一种是利用半导体压阻效应制造的半导体力敏器件。

半导体力敏器件是力敏器件的主要品种。这种器件的优点是灵敏度高、精度高、体积小、重量轻和稳定可靠。因为所用材料是半导体硅，它的缺点也很突出，主要技术参数受温度的影响较大。温度引起参数变化称为温度漂移，简称温漂。这种力敏器件的主要失效模式是技术性能的温度漂移。温漂表现在两个方面：零点温漂和灵敏度温漂。

产生温度漂移的原因有六个：

① 压阻系数随温度变化，影响灵敏度温漂。

② 残余气体的影响，只发生在有参考压力腔的传感器中。

如绝对压力传感器、标准压力传感器及充省硅油的压力差传感器等。如硅油中有气泡或注油过程中有残余气体，在高温下气体膨胀对硅片产生作用力，使之产生零点漂移。

③ 桥臂电阻不等同性引起的温漂。

一般硅压力传感器都做成惠斯登电桥式结构，四个桥带电阻产生温漂。在生产中尽管版图设计、制版、扩散工艺采取严格措施，但绝不可能将四个桥臂扩散电阻的阻值作到完全一致。另外，各个电阻所在位置的膜层厚度不均匀也引起温度漂移。

④ 桥臂电阻漏电流引起的温漂。

在生产中采取各种方法增加桥臂电阻之间的绝缘隔离以减少桥臂电阻的漏电流。但漏电流不易消除。因为它来自桥臂电阻和衬底之间，以及桥臂电阻受表面影响而产生的漏电流。在高温下，漏电流迅速增加引起零点温漂的增加。

⑤ 硅和钝化膜界面之间的应力。

在半导体力敏器件中，硅表面都有一层二氧化硅和氮化硅组成的钝化膜，硅的热膨胀系数大于二氧化硅的热膨胀系数。在室温下，硅处于伸张状态，二氧化硅处于压缩状态。这种应力形成一个附加压力引起温度漂移。

⑥ 装配工艺引入的温度漂移。

力敏器件是由多种材料装配而成。各种材料热膨胀系数不同，装配之后在热载荷下，引入一个新的附加应力而产生温度漂移。

上面六种原因引起力敏器件技术性能的温度漂移，如何进行温度补偿就成为改进器件可靠性的一项重要任务。

(5) 磁性材料器件

磁性材料器件除了在电子计算机民用音响和音像设备中广泛应用外，还在地缆、海缆和各种导弹、卫星通信设备中应用。

软磁性铁氧体罐形磁芯在地缆和海缆工程作滤波器使用时，主要失效模式是电感量下降。这种参数漂移型的非破坏性失效与磁导率稳定性密切相关。

微波铁氧体器件主要用于雷达、导航及通信等电子设备。由于它以军用为主，可靠性水平比较高。国际通信卫星使用的铁氧体微波器件的典型失效率为：

环行器失效率　　　　$1 \times 10^{-8}/h$

隔离器失效率　　　　$3 \times 10^{-8}/h$

铁氧体开关失效率　　$2 \times 10^{-8}/h$

通过大量试验研究，发现微波铁氧体器件常见的失效模式是：

① 由于工艺和设计造成的结构不稳定。

在器件进行温度循环机械应力试验时产生松动或变形使器件失效。如3cm场移式波导隔离器在高低温多次循环试验后，胶合于器件腔体内的旋磁铁氧体片脱落使器件失效。集中参数隔离器在强机械应力试验后，紧压电容的螺钉松动，电感扭曲使器件失效。

② 经多次高低温循环试验后，使用锶钙铁氧体作外磁场的器件，因磁场强度下降而失效。

这是由于永磁铁氧体内的矫顽力低，产生不可逆老化形成的。采用温度补偿的集中参数脱离器，在温度变化后，也可因正温度系数电容变化与旋磁材料饱和磁矩的变化不一致发生失配使器件失效。

③ 功率器件在功率加载时，由于旋磁铁氧体材料的高功率效应（包括与平均功率有关的热敏效应和与峰值功率有关的非线性效应）使器件的插入损耗增加，超过允许范围使器件失效。

④ 带状线隔离器的金属负载，在热和电应力变化或机械试验后，负载阻值漂移或破损，使器件的反向隔离劣化导致失效。

⑤ 场移式隔离器在多次温度循环试验后，旋磁铁氧体破裂导致器件失效。

1.6 常用检测工具——万用表

电子元件是各种电子设备或装置的基础，电子元件质量的优劣，直接影响整机和系统的性能。为了保证和提高电子产品的质量，在电子元件生产过程中，必须对每一个元件进行规定的电气参数测量。也就是说，元件测量是电子工业生产中必不可少的手段。下面对常用的电子元器件检测工具（万用表）做一下简单介绍。

万用表也称三用表或万能表，它集电压表、电流表和电阻表于一体，是测量、维修各种电子产品时最常用、最普通的测量工具。下面对常用指针式万用表和数字式万用表的结构特点与使用方法分别做一介绍。

1.6.1 指针式万用表

指针式万用表是由一只灵敏度很高的直流电流表（微安表）作表头，再加上挡位选择开关和相关的电路组成的。本节以 M-47 型指针式万用表为例来介绍指针式万用表的使用。图 1-10 是 M-47 型指针式万用表的面板图。

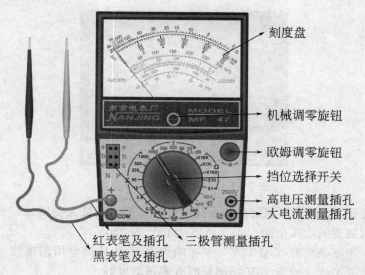

刻度盘

机械调零旋钮

欧姆调零旋钮

挡位选择开关

高电压测量插孔
大电流测量插孔

红表笔及插孔
黑表笔及插孔

三极管测量插孔

图 1-10　M-47 型指针式万用表的面板图

（1）M-47 型指针万用表的面板介绍

从图 1-10 可以看出，指针式万用表面板主要由刻度盘、挡位选择开关、旋钮和一些插孔组成。

① 刻度盘（图 1-11）

第一条标有"Ω"符号的为欧姆刻度线。在测量元件阻值时查看该刻度线。这条刻度线最右端刻度表示的阻值最小，为 0；最左端刻度表示的阻值最大，为 ∞（无穷大）。在未测量时表针指在左端无穷大处。

第二条标有"V、mA"符号的为直、交流电压/电流刻度线。在测量直流电压、电流和交流电压时都查看这条刻度线。该刻度线最左端刻度表示最小值，最右端刻度表示最大值，在刻度线下方标有三组数，它们的最大值分别是 250、50 和 10。当选择不同挡位时，要将刻度线的最大刻度看作该挡位最大量程值。如挡位选择开

图 1-11 指针式万用表刻度盘

关置于 "50V" 挡测量时，表针指在第二刻度线最大刻度处，表示此时测量的电压值为 50V（而不是 10V 或 250V）。

第三条标有 "AC10V" 字样的为交流 10V 挡专用刻度线。在挡位开关置于交流 10V 挡测量时查看该刻度线。

第四条标有 "C(μF)" 字样的为电容容量刻度线。在测量电容的电容量时查看这条刻度线。

第五条标有 "hFE" 字样的为三极管放大倍数刻度线。在测量三极管放大倍数时查看这条刻度线。

第六条标有 "L(H)" 字样的为电感量刻度线。在测量电感的电感量时查看这条刻度线。

第七条标有 "dB" 字样的为音频电平刻度线。在测量音频信号电平时查看这条刻度线。

② 挡位选择开关

指针式万用表可以测量电压、电流、元件阻值和三极管放大倍数等，在测量不同的量时，挡位开关应置于不同的挡位。挡位选择开关如图 1-12 所示，它可以分为欧姆挡、三极管放大倍数挡、直流电流挡、直流电压挡和交流电压挡。除三极管放大倍数挡外，其他各挡位根据测量值的大小又细分成多挡。

图 解

图 1-12　万用表挡位选择旋钮和插孔

注 意

　　直流电压 0.25V 与直流电流 0.05mA 挡是共用的：在测直流电压
选择该挡位时，可以测量 0～0.25V 电压（读数选择最大值为 250 的那
一组数）；在测量直流电流选择该挡位时，可以测量 0～0.05mA 电流
（读数选择最大值为 50 的那一组数）。

　　③ 旋钮

　　指针式万用表面板上的旋钮有机械调零旋钮和欧姆调零旋钮，
机械调零旋钮如图 1-10 所示，欧姆调零旋钮如图 1-12 所示。

　　机械调零旋钮的作用是在使用万用表前，将表针调到刻度盘电
压刻度线（第二条刻度线的 "0" 刻度处）。欧姆调零旋钮的作用是
在使用欧姆挡测量电阻时，按一定的方法将表针调到欧姆刻度线的
"0" 刻度位置。

　　④ 插孔

　　万用表的插孔如图 1-12 所示。

　　在图左下角标有 "COM" 字样的为黑表笔插孔，标有 "＋"
字样的为红表笔插孔；图中右下角标有 "2500V" 字样的为高电压
测量插孔（在测量大于 1000V 而小于 2500V 的电压时，红表笔需
插入该插孔），标有 "5A" 字样的为大电流测量插孔（在测量大于

图 解

图 1-13　机械调零示意图

500mA 而小于 5A 的电流时，红表笔需插入该插孔）；图中左上角标有"P"字样的为 PNP 型三极管插孔，标有"N"字样的为 NPN 型三极管的插孔。

（2）指针式万用表的使用

　　① 熟悉表盘上各符号的意义及各个旋钮和选择开关的主要作用。

　　万用表使用口诀可总结如下：

　　一看：拿起表笔看挡位；

　　二转：对应电量转到位；

　　三试：瞬间偏摆试挡位；

　　四测：测量稳定记读数；

　　五复位：放下表笔及复位。

　　② 进行机械调零。

　　在使用前应检查指针是否指在机械零位上，如不指在零位，应旋转表盖上的调零器使指针指示在零位上，如图 1-13 所示左上角圆圈中的指针零位置。

　　③ 选择表笔插孔的位置。

　　万用表有红黑两根表笔，安插表笔时将红表笔插入标有"＋"

的插孔中，黑表笔插入标有"-"号的插孔中。如测量交直流 2500V 或直流 10A 时，红表笔则应分别插到标有"2500"或"10A"的插座中。

④ 根据被测量的种类及大小，选择转换开关的挡位及量程，找出对应的刻度线。

⑤ 测量电压。

测量电压（或电流）时要选择好量程，如果用小量程去测量大电压，则会有烧表的危险；如果用大量程去测量小电压，那么指针偏转太小，无法读数。量程的选择应尽量使指针偏转到满刻度的 2/3 左右。如果事先不清楚被测电压的大小时，应先选择最高量程挡，然后逐渐减小到合适的量程。

a. 直流电压的测量，如图 1-14 表示。

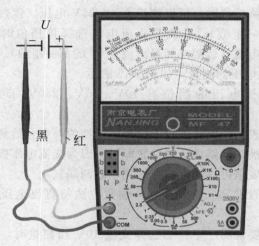

图 1-14　万用表测量一节电池电压示意图

测量直流电压的挡位有 0.25V、1V、2.5V、10V、50V、250V、500V、1000V 和 2500V。

将万用表的转换开关置于直流电压挡的一个合适量程上，且"＋"表笔（红表笔）接到高电位处，"-"表笔（黑表笔）接到低电位处，即让电流从"＋"表笔流入，从"-"表笔流出。若表笔接反，表头指针会反方向偏转，容易撞弯指针。读数时，找到刻度盘上的直流电压刻度线，即第二条刻度线，观察表针指在该刻度线何处。由于第二条刻度线标有三组数（三组数共用一条刻度线），读哪一组数可根据所选的电压挡位来确定。例如测量时选择的是250V的挡，读数时就要读最大值为250的哪一组数，在选择2.5V挡时仍读该组数，只不过要将250看成是2.5。

补充说明：

i．如果测量1000～2500V电压时，挡位选择开关应至于"1000V"挡，红表笔要插在2500V的专用插孔中，黑表笔仍插在"－"插孔中，读数时选择最大值为250的哪一组数。

ii．直流电压0.25V与直流电流0.05mA挡是共用的：在测直流电压选择该挡位时，可以测量0～0.25V电压（读数选择最大值为250的那一组数）；在测量直流电流选择该挡位时，可以测量0～0.05mA电流（读数选择最大值为50的那一组数）。

b．交流电压的测量，如图1-15表示。

测量交流电压的挡位有10V、50V、250V、500V、1000V和2500V。

将万用表的转换开关置于交流电压挡的一个合适量程上，万用表两表笔和被测电路或负载并联即可（因为交流电压极性随时间变化，故红黑表笔可以任意接在被测电路两端）。

读数时查看第二条刻度线，读数方法与直流电压的读数方法相同。

这里需要说明一下，当选择交流10V挡测量时，应该查看第三条刻度线，读数时选择最大值为10的一组数。

⑥ 测电流。

测量直流电流的挡位有0.05mA、0.5mA、5mA、50mA、500mA和5A。

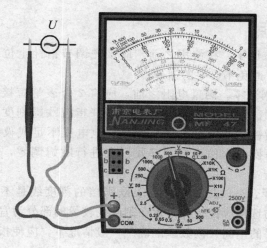

图 1-15 万用表测交流电压示意图

测量直流电流时，将万用表的转换开关置于直流电流挡0.05～500mA 的一个合适量程上，读数时要查看第二条刻度线，读数方法与直流电压测量读数一样。测量时必须先断开电路，然后按照电流从"＋"到"－"的方向，将万用表串联到被测电路中，即电流从红表笔流入，从黑表笔流出。如果误将万用表与负载并联，则因表头的内阻很小，会造成短路烧毁仪表。

这里补充一点，当测量 500mA～5A 电流时，红表笔应插入5A 专用插孔，黑表笔仍插在"－"插孔中不动，挡位选择开关置于"500mA"挡，读数时查看表针指在第二刻度线的那个刻度，再读出该刻度所指的数值（要读最大值为 50 的那组数，将 50 当作5，单位为 A）。

⑦ 测电阻。

电阻的测量要用到欧姆挡，欧姆挡不但可以测量电阻值，还可以检测很多电子元器件的好坏。欧姆挡的挡位有×1Ω、×10Ω、

×100Ω、×1kΩ 和×10kΩ。

用万用表测量电阻时，应按下列方法进行：

操 作

a. 机械调零。在使用之前，应该先调节指针定位螺钉使电流示数为零，避免不必要的误差。

b. 欧姆调零。测量电阻之前，应将 2 个表笔短接，同时调节"欧姆（电气）调零旋钮"，使指针刚好指在欧姆刻度线右边的零位。如果指针不能调到零位，说明电池电压不足或仪表内部有问题。并且每换一次倍率挡，都要再次进行欧姆调零，以保证测量准确。

c. 选择合适的挡位。万用表欧姆挡的刻度线是不均匀的，所以倍率挡的选择应使指针停留在刻度线较稀的部分为宜，且指针越接近刻度尺的中间，读数越准确。一般情况下，应使指针指在刻度尺的 1/3～2/3 间。

d. 红黑表笔分别置于被测电阻的两端

e. 读数。读数时看第一条刻度线，观察表针指在何数值上，然后将该数值乘以倍率数，就是所测电阻的电阻值。

如图 1-16 所示，电阻值为读数 5×挡位 10Ω＝50Ω。

1.6.2 数字式万用表

数字万用表除了具有指针式万用表的功能外，还可以测量电容、频率和温度，并且以数字形式显示读数，使用方便。

数字万用表外形如图 1-17 所示。其上部是液晶显示屏，中间部分是功能选择旋钮，下部是表笔插孔。分为"COM"，即公共端（或"－"端）和"VΩ"端，还有两个电流插孔。

(1) 电流的测量

① 直流电流的测量　先将黑表笔插入"COM"插孔。若测量大于 200mA 小于 20A 的电流，则要将红表笔插入"20A"插孔并将旋钮打到直流"20A"挡；若测量小于 200mA 的电流，则要将

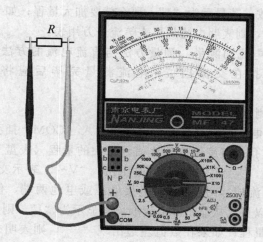

图 1-16　万用表测电阻阻值示意图

图 1-17　数字式万用表外观图

红表笔插入"mA"插孔并将旋钮打到直流"200mA"以内的合适量程。调整好后，就可以测量了。将万用表串入电路中，保持稳定，即可读数。若显示为"1"，那么就要加大量程；如果在数值左边出现"－"，则表明电流从黑表笔流进万用表。

② 交流电流的测量　测量方法与直流电流的方法基本相同，不过挡位应打在交流挡位，电流测量完毕后应将红笔插回"VΩ"孔。

(2) 电压的测量

① 直流电压的测量　先将黑表笔插入"COM"插孔，红表笔插入"VΩ"孔。将旋钮按到比估计位大的量程（表盘上的数值均为最大量程，"V－"表示直流电压挡；"V～"表示交流电压挡；"A"表示电流挡），接着把表笔接电源或电池两端，保持接触良好。数值可以直接从显示屏上读取，若显示为"1"，则表明量程太小，需换大量程；如果在数值左边出现"－"，则表明表笔极性与实际电源极性相反，此时红表笔接的是负极。

② 交流电压的测量　表笔插孔与直流电压的测量一样，但应将旋钮打到交流挡"V～"处所需的量程即可。交流电压无正负之分，测量方法跟前面相同。无论测交流还是直流电压，都要注意人身安全，不要随便用手触及表笔的金属部分。

(3) 电阻的测量

将表笔插进"COM"和"VΩ"插孔，将旋钮旋到"Ω"中所需的量程，用表笔接触电阻两端金属部位，测量中可以用手接触电阻，但不能把手同时接触电阻两端。读数时，要保持表笔和电阻接触良好。注意单位：在"200"挡时单位为"Ω"，在"2k"到"200k"挡时单位为"kΩ"，"2M"以上的单位为"MΩ"。

(4) 二极管的测量

测量时表笔位置与电压测量一样，将旋钮旋到二极管挡；用红表笔接二极管正极，黑表笔接负极，这时会显示二极管的正向电压。锗二极管约为0.15～0.3V，硅管约为0.5～0.7V，发光二极管约为1.8～2.3V。调换表笔，若显示为"1"，则表示二极管正常

（因为二极管反向电阻很大），否则此管已被击穿。

（5）测量三极管 h_{FE}

根据三极管是 PNP 型的还是 NPN 型的（可利用测量二极管和电阻的方法判断），把三极管的管脚插入 h_{FE} 的相应插孔内，显示屏上会有 h_{FE} 的数值显示。如果显示屏仅出现"1"字（溢出标志），说明管脚顺序有问题或三极管已坏。

（6）检查电路的通断情况

将量程开关旋至标有符号"o)))"的挡，表笔插孔位置和测电阻时相同。让两表笔分别触及被测电路两端，若仪表内的蜂鸣器发出蜂鸣声，说明电路通（两表笔间电阻小于 70Ω）。反之，则表明电路不通，或接触不良。必须注意的是，被测电路不能带电，否则会误判或损坏万用表。

1.6.3 万用表使用时须注意的问题

（1）指针式万用表使用注意事项

① 在测电流、电压时，不能带电换量程。

② 选择量程时，若不能估算被测电压、电流或电阻值的大小，应先选用最高挡测量，再根据测得值的大小，换至合适的低挡位测量。

③ 测电阻时，不能带电测量。因为测量电阻时，万用表由内部电池供电，如果带电测量则相当于接入一个额外的电源，可能损坏表头。

④ 用毕，应使转换开关在交流电压最大挡位或空挡上。

⑤ 注意在欧姆挡改换量程时，需要进行欧姆调零，无需机械调零。

⑥ 测量时，手不要接触表笔的金属部位，以免触电或影响测量精度。

⑦ 如偶然发生因过载而烧断保险丝时，可打开保险丝盖板换上相同型号的备用保险丝（0.5A/250V，$R \leqslant 0.5\Omega$ 位置在保险丝盖板内）。

⑧ 测量高压时，要站在干燥绝缘板上，并一手操作，防止意外事故。

⑨ 电阻各挡用干电池应定期检查、更换，以保证测量精度。如长期不用，应取出电池，以防止电解液溢出腐蚀而损坏其他零件。

⑩ 仪表应保存在室温为 0～40℃，相对湿度不超过 80%，并不含有腐蚀性气体的场所。

(2) 数字式万用表使用注意事项

① 数字万用表在刚测量时，显示屏上的数值会有跳数现象，这是正常的，应当待显示数值稳定后（为 1～2s）才能读数。另外，被测元器件的引脚因日久氧化或有锈污，造成被测元件和表笔之间接触不良，显示屏会出现长时间的跳数现象，无法读取正确测量值。这时应先清除氧化层和锈污，使表笔接触良好后再测量。

② 测量时，如果显示屏上只有"半位"上的读数 1，则表示被测数值超出所在量程范围（二极管测量除外），称为溢出。这时说明量程选得太小，可换高一挡量程再测试。

③ 转换量程开关时动作要慢，用力不要过猛。在开关转换到位后，再轻轻地左右拨动一下，看看是否真的到位，以确保量程开关接触良好。严禁在测量的同时旋动量程开关，特别是在测量高电压、大电流的情况下，以防产生电弧烧坏量程开关。

④ 测 10Ω 以下精密小电阻时（200Ω 挡），先将两表笔金属端短接，测出表笔电阻（约 0.2Ω），然后在测量结果中减去这一数值。

⑤ 万用表是按正弦量的有效值设计的，所以不能用来测量非正弦量。只有采用有效值转换电路的数字万用表才可以测量非正弦量。

第2章

电 阻 器

电阻器是电子整机中使用最多的基本元件之一。统计表明，电阻器在一般电子产品中要占到全部元器件总数的 30％以上。电阻器是一种消耗电能的元件，在电路中用于稳定、调节、控制电压或电流的大小，起限流、降压、偏置、取样、调节时间常数、抑制寄生振荡等作用。

2.1 电阻器的基本知识

电阻器是一种专门为电路提供电阻的电器元件，它由导体制成，用来调节和分配电路里的电压和电流，或者作为电路的负载。

2.1.1 电阻器的基本概念

电阻器在书写时用字母"R"表示。在电路图中电阻器的符号如图 2-1 所示。

 图 解

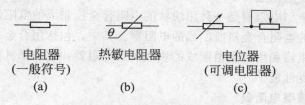

电阻器　　　热敏电阻器　　　　　电位器
(一般符号)　　　　　　　　　　(可调电阻器)
(a)　　　　　(b)　　　　　　　(c)

图 2-1　电阻器的图形符号

物质对电流通过的阻碍作用称为电阻（resistance）。电阻是反映物质限制电流通过的一种性质。利用这种阻碍作用做成的元件称为电阻器（resistor），简称电阻。若在电阻（以 R 表示）的两端加上 1 伏（特）（以 V 表示）的电压（以 U 表示），当通过该电阻的电流强度（以 I 表示）为 1 安（培）（以 A 表示）时，则称该电阻的阻值为 1 欧（姆）（以 Ω 表示）。其关系式为

$$R = \frac{U}{I} \text{ 或 } I = \frac{U}{R}$$

这就是欧姆定律的两种不同表达形式。

在实际使用中，比欧（姆）更大的单位有千欧（kΩ）和兆欧（MΩ），$1M\Omega = 1000k\Omega$，$1k\Omega = 1000\Omega$。

在各种电路中，电阻器一般有以下用途：

① 限制流过发光二极管、晶体管等电子元件上的电流大小。

② 用作分压器。

③ 可与电容相结合，用以控制电容器充放电的时间。

电阻器在电子电路中应用最为广泛，其质量的优劣对电路的稳定性影响极大。

2.1.2 电阻器的分类

电阻器的分类方法很多，根据其阻值是否能改变而分为固定电阻器、可变电阻器和微调电阻器。

根据电阻体所用的材料又可分为合金型、薄膜型和合成型三大类。

(1) 合金型电阻器

合金型电阻器是一种用块状的电阻合金拉制成的电阻合金线或碾压成的电阻合金箔所制成的电阻器。其中，包括用合金线制成的绕线电阻器和用合金箔制成的块金属膜电阻器，它们都具有块状金属的优良性能。

(2) 薄膜型电阻器

薄膜型电阻器是利用不同的工艺方法在玻璃或陶瓷基体上，淀积一层电阻薄膜制成的电阻器。淀积的电阻薄膜厚度从几十埃到几

个微米。薄膜型电阻器包括热分解碳膜、金属膜、金属氧化膜等几个品种。

(3) 合成型电阻器

合成型电阻器的电阻体是导电颗粒和有机（或无机）黏结剂的机械混合物，有薄膜型和实芯型两种形式，如合成碳膜、合成实芯和金属玻璃釉电阻器等。

几种常见的电阻的实物图片，如图 2-2 所示。

图 解

(a) 普通电阻　(b) 贴片电阻　(c) 水泥电阻　(d) 功率电阻　(e) 柱形贴片电阻

(f) 滑动变阻器 (g) 光敏电阻 (h) 压敏电阻 (i) 大功率电阻 (j) 大功率电阻

图 2-2　常见电阻的实物图片

电阻器还可以根据其用途不同分为以下几种类型。

(1) 通用电阻器

可以满足一般电子技术的要求。其额定功率范围从 $0.05 \sim 2W$，少数为 $5 \sim 10W$，标称阻值范围从 $1\Omega \sim 22M\Omega$，允许偏差为 $\pm 5\%$、$\pm 10\%$、$\pm 20\%$ 三个等级。

(2) 精密电阻器

具有较高的精度和稳定性，额定功率一般不超过 2W，标称阻值为 $0.01\Omega \sim 22M\Omega$，允许偏差范围为 $\pm 2\% \sim \pm 0.001\%$。

(3) 高频电阻器

主要采用薄膜型电阻器，适用于高频电路，用作匹配阻抗、衰减器、等效负载等。阻值一般较小，不超过 $1k\Omega$，功率范围较宽，最高可达 100W 以上。此外也有实芯型高频电阻器。

(4) 高压电阻器

在高压装置、测量设备以及电视机中作为分压器和泄放电阻器等。结构细长，额定功率范围为 $0.5 \sim 15\mathrm{W}$，工作电压可达 $35\mathrm{kV}$ 或者更高，标称阻值极高，可达 $1000\mathrm{M\Omega}$。

(5) 高阻电阻器

阻值在 $10\mathrm{M\Omega}$ 以上，最高可达 $10^{12}\,\Omega$，甚至 $10^{14}\,\Omega$，用于测量仪器。其耗散功率一般很小。

2.1.3 电阻器的型号和标识方法

(1) 电阻器的型号

部标电阻器的型号由四部分组成，第一部分是主称，用 R 表示，第二部分代表电阻体的材料，具体见表 2-1，第三部分代表类别或者额定功率，第四部分为序号。

表 2-1　电阻器的型号

第一部分	第二部分	第三部分		第四部分
R-电阻器	T-碳膜	0	9-特殊	数字序号
W-电位器	H-合成膜	1-普通	G-高功率	
	S-有机实芯	2-普通	W-微调	
	N-无机实芯	3-超高频	T-可调	
	J-金属膜	4-高阻	D-多圈	
	Y-氧化膜	5-高阻		
	C-化学沉积膜	6		
	I-玻璃釉膜	7-精密		
	X-绕线	8-高压		

图 解

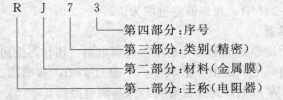

（2）电阻器的标识方法

电阻器的标识方法有直标法、文字符号法、数码法和色环法4种。

① 直标法　直标法是用阿拉伯数字和单位文字符号在电阻器表面直接标出标称阻值和允许偏差的方法。允许偏差用百分数表示。

② 文字符号法　文字符号法是用阿拉伯数字和文字符号有规律地组合来表示标称阻值及允许偏差的方法。标称阻值单位文字符号的位置则代表标称阻值有效数字中小数点所在的位置，单位文字符号前面的数表示阻值的整数部分，文字符号后面的数表示阻值的小数部分，文字符号表示小数点和单位。文字符号法标称阻值系列如表2-2所示。阻值允许偏差的文字符号表示法如表2-3所示。

表 2-2　文字符号法标称阻值系列

标称阻值	文字符号法	标称阻值	文字符号法	标称阻值	文字符号法
0.1Ω	R1	$1M\Omega$	1M0	$33000M\Omega$	33G
0.33Ω	R33	$3.3M\Omega$	3M3	$59000M\Omega$	59G
0.59Ω	R59	$5.9M\Omega$	5M9	$10^5 M\Omega$	100G
3.3Ω	3R3	$10M\Omega$	10M	$3.3\times10^5 M\Omega$	330G
5.9Ω	5R9	$1000M\Omega$	1G	$5.9\times10^5 M\Omega$	590G
$3.3K\Omega$	3K3	$3300M\Omega$	3G3	$10^6 M\Omega$	1T
$5.9K\Omega$	5K9	$5900M\Omega$	5G9	$3.3\times10^6 M\Omega$	3T3
$10K\Omega$	10K	$10000M\Omega$	10G	$5.9\times10^6 M\Omega$	5T9

表 2-3　阻值允许偏差的文字符号表示法

允许偏差/%	标志符号	允许偏差/%	标志符号	允许偏差/%	标志符号	允许偏差/%	标志符号
	E	±0.02	U	±0.5	D	±10	K
±0.002	X	±0.05	W	±1	F	±20	M
±0.005	Y	±0.1	B	±2	G	±30	N
±0.01	H	±0.2	C	±5	J		

③ 数码法　数码法是用三位整数表示电阻阻值的方法。数码是从左向右，前面的两位数为有效值，第三位数为零的个数（或倍率 10），单位为 Ω。

④ 色环法　色环法是用不同颜色的色环在电阻器表面标出电阻值和误差的方法，是目前最常用的电阻值标识方法。能否识别色环电阻，是考核电子行业人员的基本项目之一。图 2-3 所示为电阻器的色环表示示意图。表 2-4、表 2-5 所示为电阻器的阻值的色环表示法，单位为 Ω。

图　解

棕 黑 绿 棕　棕

电阻:阻值为1.05kΩ,允许偏差为±1%

图 2-3　电阻器色环标示示意图

普通电阻大多用四个色环表示其阻值和允许偏差。第一、二环表示有效数字，第三环表示倍率（乘数），第四环与前三环距离较大（约为前几环间距的 1.5 倍），表示允许偏差。例如，红、红、红、银四环表示的阻值为 $22 \times 10^2 = 2200\Omega$，允许偏差为 $\pm 10\%$；又如，绿、蓝、金、金四环表示的阻值为 $56 \times 10^{-1} = 5.6\Omega$，允许偏差为 $\pm 5\%$。

精密电阻采用五个色环标志，前三环表示有效数字，第四环表示倍率，与前四环距离较大的第五环表示允许偏差。例如，棕、黑、绿、棕、棕五环表示阻值为 $105 \times 10^1 = 1050\Omega = 1.05\text{k}\Omega$，允许偏差为 $\pm 1\%$；又如，棕、紫、绿、银、绿五环表示阻值为$175 \times 10^{-2} = 1.75\Omega$，允许偏差为 $\pm 0.5\%$。

2.1.4　电阻器的主要参数

电阻器的主要参数有额定功率、标称阻值、允许偏差（精度等

图 解

表 2-4 两位有效数字阻值的色环表示法

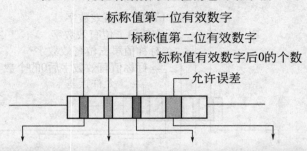

标称值第一位有效数字
标称值第二位有效数字
标称值有效数字后0的个数
允许误差

颜色	第一位有效值	第二位有效值	倍率	允许偏差
黑	0	0	10^0	
棕	1	1	10^1	
红	2	2	10^2	
橙	3	3	10^3	
黄	4	4	10^4	
绿	5	5	10^5	
蓝	6	6	10^6	
紫	7	7	10^7	
灰	8	8	10^8	
白	9	9	10^9	$-20\% \sim +50\%$
金			10^{-1}	$\pm5\%$
银			10^{-2}	$\pm10\%$
无色				$\pm20\%$

图 解

表 2-5　三位有效数字阻值的色环表示法

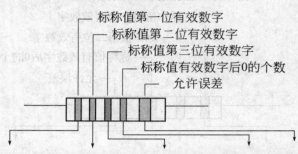

颜色	第一位有效值	第二位有效值	第三位有效值	倍率	允许偏差
黑	0	0	0	10^0	
棕	1	1	1	10^1	±1%
红	2	2	2	10^2	±2%
橙	3	3	3	10^3	
黄	4	4	4	10^4	
绿	5	5	5	10^5	±0.5%
蓝	6	6	6	10^6	±0.25
紫	7	7	7	10^7	±0.1%
灰	8	8	8	10^8	
白	9	9	9	10^9	
金				10^{-1}	
银				10^{-2}	

级)、温度系数、非线性度、噪声系数等项。由于电阻器的表面积有限以及对参数关心的程度,一般只标明阻值、精度、材料和额定功率几项;对于额定功率小于 0.5W 的小电阻,通常只标注阻值和精度,其材料及额定功率通常由外形尺寸和颜色判断。电阻器的主要参数通常用色环或文字符号标出。

(1) 额定功率

电阻器在电路中长时间连续工作不损坏,或不显著改变其性能所允许消耗的最大功率，称为电阻器的额定功率。电阻器的额定功率并不是电阻器在电路中工作时一定要消耗的功率，而是电阻器在电路中工作时，允许消耗功率的限额。

电阻实质上是把吸收的电能转换成热能的能量转换元件。电阻在电路中消耗电能，并使自身的温度升高，其负荷能力取决于电阻在长期稳定工作的情况下所允许发热的温度。根据部颁标准，不同类型的电阻有不同的额定功率系列。通常的功率系列值可以有 $0.05\sim500W$ 之间的数十种规格。选择电阻的额定功率，应该判断它在电路中的实际功率，一般使额定功率是实际功率的 $1.5\sim2$ 倍以上。

电阻器的额定功率系列见表 2-6。

表 2-6 电阻器额定功率系列

线绕电阻器的额定功率系列 /W	$0.05;0.125;0.25;0.5;1;2;4;8;10;16;25;$ $40;50;75;100;150;250;500$
非线绕电阻器额定功率系列 /W	$0.05;0.125;0.25;0.5;1;2;5;10;25;$ $50;100$

在电路图中，电阻器的额定功率标志在电阻的图形符号上，如图 2-4 所示。

🔍 **图 解**

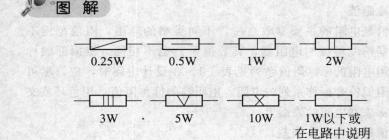

图 2-4 标有电阻器额定功率的电阻符号

额定功率 2W 以下的小型电阻，其额定功率值通常不在电阻体上标出，观察外形尺寸即可确定；额定功率 2W 以上的电阻，因为体积比较大，其功率值均在电阻体上用数字标出。电阻器的额定功率主要取决于电阻体的材料、外形尺寸和散热面积。一般说来，额定功率大的电阻器，其体积也比较大。因此，可以通过比较同类型电阻的尺寸，判断电阻的额定功率。常用电阻的额定功率及其外形尺寸见表 2-7。

表 2-7　常用电阻器的额定功率及其外形尺寸

种类	型号	额定功率 /W	最大直径 /mm	最大长度 /mm
超小型碳膜电阻	RT13	0.125	1.8	4.1
小型碳膜电阻	RTX	0.125	2.5	6.4
碳膜电阻	RT	0.5	5.5	18.5
		0.5	5.5	28.0
		1	7.2	30.5
		2	9.5	48.5
金属膜电阻	RJ	0.125	2.2	7.0
		0.25	2.8	8.0
		0.5	4.2	10.8
		1	6.6	13.0
		2	8.6	18.5

（2）标称阻值

阻值是电阻的主要参数之一，不同类型的电阻，阻值范围不同；不同精度等级的电阻器，其数值系列也不相同。根据部颁标准，常用电阻的标称阻值系列见表 1-1。在设计电路时，应该尽可能选用阻值符合标称系列的电阻。电阻器的标称阻值，用色环或文字符号标志在电阻的表面上。

（3）阻值精度（允许偏差）

实际阻值与标称阻值的相对误差为电阻精度。允许相对误差的范围叫做允许偏差（简称允差，也称为精度等级）。普通电阻的允许偏差可分为±5%、±10%、±20% 等，精密电阻的允许偏差可分为±2%、±1%、±0.5%、…、±0.001%等十多个等级。一般说来，精度等级高的电阻，价格也更高。在电子产品设计中，应该根据电路的不同要求，选用不同精度的电阻。

电阻的精度等级可以用符号标明，见表2-8。

表 2-8　电阻的精度等级符号

%	±0.001	±0.002	±0.005	±0.01	±0.02	±0.05	±0.1
符号	E	X	Y	H	U	W	B
%	±0.2	±0.5	±1	±2	±5	±10	±20
符号	C	D	F	G	J	K	M

（4）温度系数

所有材料的电阻率都会随温度变化，电阻的阻值同样如此。在衡量电阻器的温度稳定性时，使用温度系数：

$$\alpha_r = \frac{R_2 - R_1}{R_1(t_2 - t_1)}/℃$$

式中，α_r 是电阻的温度系数，单位为 $1/℃$；R_1 和 R_2 分别是温度为 t_1 和 t_2 时的阻值，单位为 Ω。

一般情况下，应该采用温度系数较小的电阻；而在某些特殊情况下，则需要使用温度系数大的热敏电阻器，这种电阻器的阻值随着环境和工作电路的温度而敏感地变化。它有两种类型，一种是正温度系数型，另一种是负温度系数型。热敏电阻一般在电路中用作温度补偿或测量调节元件。

金属膜、合成膜电阻具有较小的正温度系数，碳膜电阻具有负温度系数。适当控制材料及加工工艺，可以制成温度稳定性很高的电阻。

（5）非线性

通过电阻的电流与加在其两端的电压不成正比关系时，叫做电阻的非线性。图2-5描绘了电阻的非线性变化曲线。电阻的非线性用电压系数表示，即在规定的范围内，电压每改变1V，电阻值的平均相对变化量：

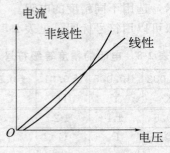

图 2-5　电阻的非线性特性

$$K = \frac{R_2 - R_1}{R_1(U_2 - U_1)} \times 100\%$$

式中，U_1 为额定电压，U_2 为测试电压，单位为 V；R_1、R_2 分别是在 U_1、U_2 条件下测得的电阻值，单位为 Ω。

一般，金属型电阻线性度很好，非金属型电阻常会出现非线性。

(6) 噪声

噪声是产生于电阻中的一种不规则的电压起伏，见图 2-6。噪声包括热噪声和电流噪声两种。

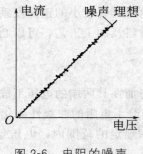

图 2-6　电阻的噪声

热噪声是由于电子在导体中的不规则运动而引起的，既不决定于材料，也不决定于导体的形状，仅与温度和电阻的阻值有关。任何电阻都有热噪声。降低电阻的工作温度，可以减小热噪声。

电流噪声是由于导体流过电流时，导电颗粒之间以及非导电颗粒之间不断发生碰撞而产生的机械震动，并使颗粒之间的接触电阻不断变化的结果。当直流电压加在电阻两端时，电流将被起伏的噪声电流所调制，这样，电阻两端除了有直流压降外，还会有不规则的交变电压分量，这就是电流噪声。电流噪声与电阻的材料、结构有关，并和外加直流电压成正比。合金型电阻无电流噪声，薄膜型较小，合成型最大。

(7) 极限电压

电阻两端电压加高到一定值时，电阻会发生电击穿使其损坏，这个电压值叫做电阻的极限电压。根据电阻的额定功率，可以计算出电阻的额定电压

$$V = \sqrt{PR}$$

而极限电压无法根据简单的公式计算出来，它取决于电阻的外形尺寸及工艺结构。

2.1.5 如何判别电阻器的质量

① 看电阻器表面有无烧焦、引线有无折断现象。

② 再用万用表电阻挡测量阻值，合格的电阻值应该稳定在允许的误差范围内，如超出误差范围或阻值不稳定，则不能选用。

③ 根据"电阻器质量越好，其噪声电压越小"的原理，使用"电阻噪声测量仪"测量电阻噪声，判别电阻质量的好坏。

2.1.6 电阻器使用注意事项

注 意 ⚠

① 选择电阻器的型号、规格和精度等级是根据电子设备的电路参数、使用环境条件以及其他一些具体要求确定的。值得注意的是对所

选电阻器的特性参数不可能也没有必要都提出高的要求。正确的选择应从使用中最重要的参数考虑，然后兼顾其他参数，并且还要考虑成本问题。

② 在通过计算求得所需的电阻值后，应该选用接近部颁标准中的标称数值。在少数情况办不到时，可采用串联、并联或混合连接的方法，从而获得所需的阻值或功率。不过这时要考虑每只电阻器上实际消耗的功率。需要指出，设计电路和选择电阻标称值时要考虑到允许偏差和电压温度等条件变化时所产生的偏差总和对电路性能的影响。

③ 确定电阻器的额定功率要非常谨慎。这个数值对其他参数如允许的阻值变化和寿命等影响很大。要保证电阻器在工作时接近原始值并尽可能延长使用寿命。因此必须使电阻器在工作期间不受热，或受热不大。通常所选电阻器和电位器的额定功率可大于它实际所承受功率的 1.5～2 倍。

④ 对于使用在脉冲电路或断续负荷电路中的电阻器。允许脉冲期间耗散的实际功率超过额定功率。但是必须规定一个合理的脉冲负荷工作条件。

a. 脉冲平均功率从平均温升的角度来看功率，可以等于额定功率，但因为在脉冲负荷下工作老化作用较大所以通常规定平均功率应比额定功率小。

b. 加在电阻器上的脉冲最高电压，通常规定为直流最高工作电压的 1.7～3.5 倍。

c. 最大脉冲电流受到引线与导电元件之间接触部分的电流密度的限制。

⑤ 对应用在高频电路中的电阻器，虽然标准中不一定给出它们的高频特性，但我们应该了解它们的高频特性。因为在高频情况下，它们已经不是单纯的电阻了，除了要考虑集肤效应，还要注意分布电容、分布电感的影响。

⑥ 电阻器在储存、运输和装配使用过程中，不要损坏保护漆层。漆层一方面防止碰伤电阻膜，另一方面防止潮湿侵蚀电阻膜。要注意电阻器的防潮。电阻器在储存或在没有通电使用的设备中，电阻膜慢慢受到潮湿的侵蚀而发生慢性电解过程，特别是当已经受潮后，若突

然加上电压，电解过程必将进一步加快。这是电阻器（尤其是碳膜型）损坏的重要原因之一。

要注意保护标志。以免给使用和维修带来麻烦。

储存时间不宜太长，否则影响易焊性。

⑦ 对易焊性不好的电阻器，在焊接装配前要对其进行处理。如果经过试验，易焊性一次上机合格率就比较高，我们可以不再进行搪锡处理。

⑧ 电阻器在制造时或是超过了规定的储存期限，应该加上一定的电压和持续一定的时间进行老练。按部颁标准有效地达到消除缺陷、剔除废品，达到稳定特性的目的。有时，我们也采用直流电压进行老练，这种方法是在电阻器两端加上适当的电压数值，使它们承受的功率为额定功率的 1.5 倍，即 $V^2/R = 1.5P_{额定}$，所以 $V = \sqrt{1.5P_{额定}R}$。老练时间要长达 5min。老练后的电阻要在常温下恢复 30min，再测量阻值。

⑨ 在焊接或安装电阻器时，要使标志易于观察。可调的要安装在便于调整的地方。大功率电阻器安装时要考虑散热，特别是要充分利用辐射散热（辐射约占 50%，对流约占 25%，传导约占 25%）。对于小功率的电阻器要利用传导散热（约占 50%）和对流散热（约占 40%）。虽然小功率电阻器的引线导热具有决定意义，但是装在印刷电路板上的电阻器的引线还是短一点的好，这样可以利用底板散热。大功率电阻器，采用水平安装，对流散热效果最好。

安装时还要注意电阻器发散的热量所引起的温升对周围其他元器件的不良影响。例如，可能导致电容器、二极管等强烈老化。

⑩ 电阻器在电路图中，除了要画出它们的电路图符号外，还要在这个符号旁标出电阻器的书写符号 R，包括它们在电路图中的位号（注脚编号）和标称阻值，有时还要标注额定功率。

2.2 怎样选用电阻器

电阻器的选用一般遵循三条原则：

一是保证电子线路的设计要求，在电阻器种类选择方面，一般电路选用碳膜电阻即可；对于环境较恶劣或精密仪器使用时选用金属膜电阻；在要求电阻可调或电压可调的情况下，一般用固定电阻串接可调电阻来实现，在此情况下，可调电阻不能太大，否则不容易调节。

二是正确选择电阻的阻值、允许误差、额定功率和耐压这些基本参数，选择电阻的阻值不仅要考虑电路中电压、电流，而且要考虑前后级电路的影响。运算放大器的输入电阻一般都在 1MΩ 以上，如果把运算放大器的外接输入电阻选择在欧姆级就不对了。电阻的允许误差选择，一般电路选择误差为 ±5％ 即可，对于一些精密仪器或者一些要求精度比较高的电路，应该选择精度比较高的电阻器，例如，±1％、±0.1％。

三是电阻额定功率的选择，应保证电路长期连续工作条件下，阻值不能因发热而引起阻值发生效大变化，更不能烧坏电阻器。一般选择其额定功率是实际承受功率的 2～3 倍。电阻器耐压值的选择，一般情况下，电子电路中的电压都不高，100V 以内为大多数，可以不考虑电阻器的耐压值。但是，对于一些高压电路和有可能产生高电压的电子电路，必须慎重选择相应耐压值的电阻器。

2.2.1　固定电阻的选用

固定电阻器有多种类型，选择哪一种材料和结构的电阻器，应根据应用电路的具体要求而定。

高频电路应选用分布电感和分布电容小的非线绕电阻器，如碳膜电阻器、金属膜电阻器和金属氧化膜电阻器等；高增益小信号放大电路应选用低噪声电阻器，如金属膜电阻器、碳膜电阻器和线绕电阻器，而不能使用噪声较大的合成碳膜电阻器和有机实芯电阻器。

线绕电阻器的功率较大，电流噪声小，耐高温，但体积较大，普通线绕电阻器常用于低频电路或电源电路中作限流电阻器、分压电阻器、泄放电阻器或大功率管的偏压电阻器。精度较高的线绕电阻器多用于固定衰减器、电阻箱、计算机及各种精密电子仪器中。

所选电阻器的电阻值应接近应用电路中计算值的一个标称值，应优先选用标准系列的电阻器。一般电路使用的电阻器允许误差为±5%～±10%。精密仪器及特殊电路中使用的电阻器，应选用精密电阻器。

所选电阻器的额定功率要符合应用电路中对电阻器功率容量的要求，一般不应随意加大或减小电阻器的功率，若电路要求是功率型电阻器，则其额定功率可高于实际应用电路要求功率的1～2倍。

2.2.2 熔断电阻的选用

熔断电阻器是具有保护功能的电阻器。选用时应考虑其双重性能，根据电路的具体要求选择其阻值和功率等参数。既要保证它在过负荷时能快速熔断，又要保证它在正常条件下能长期稳定地工作。电阻值过大或功率过大，均不能起到保护作用。

2.2.3 热敏电阻的选用

热敏电阻器的种类和型号较多，选哪一种热敏电阻器，应根据电路的具体要求而定。

(1) 正温度系数热敏电阻器（PTC）

正温度系数热敏电阻器一般用于电冰箱压缩机启动电路、彩色显像管消磁电路、电动机过电流过热保护电路、限流电路及恒温电加热电路。

压缩机启动电路中常用的热敏电阻器有 MZ01～MZ04 系列、MZ81 系列、MZ91 系列、MZ92 系列和 MZ93 系列等，可以根据不同类型压缩机来选用适合它启动的热敏电阻器，以达到最好的起动效果。

彩色电视机、电脑显示器上使用的消磁热敏电阻器有 MZ71～MZ75 系列。可根据电视机、显示器的工作电压（220V 或 110V）、工作电流及消磁线圈的规格等，选用标称阻值、最大起始电流、最大工作电压等参数均符合要求的消磁热敏电阻器。

限流用小功率 PTC 热敏电阻器有 MZ2A～MZ2D 系列、MZ21

系列，电动机过热保护用 PTC 热敏电阻器有 MZ61 系列，应选用标称阻值、开关温度、工作电流及耗散功率等参数符合应用电路要求的型号。

（2）负温度系数热敏电阻器（NTC）

负温度系数热敏电阻器一般用于各种电子产品中，作微波功率测量、温度检测、温度补偿、温度控制及稳压用，选用时应根据应用电路的需要选择合适的类型及型号。

常用的温度检测用热敏电阻器（NTC）有 MF53 系列和 MF57系列，每个系列又有多种型号（同一类型、不同型号的 NTC 热敏电阻器，标准阻值也不相同）可供选择。

常用的稳压用热敏电阻器（NTC）有 MF21 系列、RR827 系列等，可根据应用电路设计的基准电压值来选用热敏电阻器稳压值及工作电流。

常用的温度补偿、温度控制用 NTC 热敏电阻器有 MF11～MF17 系列。常用的测温及温度控制用 NTC 热敏电阻器有 MF51系列、MF52 系列、MF54 系列、MF55 系列、MF61 系列、MF91～MF96 系列、MF111 系列等多种。MF52 系列、MF111 系列的 NTC 热敏电阻器适用于－80～＋200℃温度范围内的测温与控温电路。MF51 系列、MF91～MF96 系列的 NTC 热敏电阻器适用于 300℃ 以下的测温与控温电路。MF54 系列、MF55 系列的NTC 热敏电阻器适用于 125℃ 以下的测温与控温电路。MF61 系列、MF92 系列的 NTC 热敏电阻器适用于 300℃ 以上的测温与控温电路。选用温度控制热敏电阻器时，应注意 NTC 热敏电阻器的温度控制范围是否符合应用电路的要求。

2.2.4 压敏电阻的选用

压敏电阻器主要应用于各种电子产品的过电压保护电路中，它有多种型号和规格。所选压敏电阻器的主要参数（包括标称电压、最大连续工作电压、最大限制电压、通流容量等）必须符合应用电路的要求，尤其是标称电压要准确。标称电压过高，压敏电阻器起不到过电压保护作用；标称电压过低，压敏电阻器容易误动作或被击穿。

2.2.5 光敏电阻的选用

选用光敏电阻器时，应首先确定应用电路中所需光敏电阻器的光谱特性类型。若是用于各种光电自动控制系统、电子照相机和光报警器等电子产品，则应选用可见光光敏电阻器；若是用于红外信号检测及天文、军事等领域的有关自动控制系统，则应选用红外光光敏电阻器；若是用于紫外线探测等仪器中，则应选用紫外光光敏电阻器。

选好光敏电阻器的光谱特性类型后，还应看所选光敏电阻器的主要参数（包括亮电阻、暗电阻、最高工作电压、亮电流、暗电流、额定功率、灵敏度等）是否符合应用电路的要求。

2.2.6 湿敏电阻的选用

选用湿敏电阻器时，首先应根据应用电路的要求选择合适的类型。若用于洗衣机、干衣机等家电中作高湿度检测，可选用氯化锂湿敏电阻器；若用于空调器、恒湿机等家电中作中等湿度环境的检测，则可选用陶瓷湿敏电阻器；若用于气象监测、录像机结露检测等方面，则可以选用高分子聚合物湿敏电阻器或硒膜湿敏电阻器。

保证所选用湿敏电阻器的主要参数（包括测湿范围、标称阻值、工作电压等）符合应用电路的要求。

2.3 电阻器的检测

2.3.1 固定电阻器的检测

(1) 电阻器额定功率的简易判别

小型电阻器的额定功率一般在电阻体上并不标出。但根据电阻长度和直径大小是可以确定其额定功率值大小的。表 2-9 列出了常用的不同长度、直径的碳膜电阻、金属膜电阻所对应的功率值，供读者使用时参考。

表2-9　RT、RJ型电阻器的长度、直径与额定功率关系表

额定功率 /W	碳膜电阻（RT）		金属膜电阻（RJ）	
	长度 /mm	直径 /mm	长度 /mm	直径 /mm
1/8	11	3.9	6～7	2～2.5
1/4	18.5	5.5	7～8.3	2.5～2.9
1/2	28.5	5.5	10.8	4.2
1	30.5	7.2	13	6.6
2	48.5	9.5	18.5	8.6

（2）怎样测量电阻值

① 将万用表的功能选择开关旋转到适当量程的电阻挡，先调整"0"点。先将两根表笔短路、调节"0Ω"电位器，使表头指针满度，指向"0"，然后再进行测量。并且在测量中每次变换量程，如从 R×1 挡换到 R×10 或其他挡后，都必须重新调零后再使用（凡使用欧姆挡测量，均先调零。下同，不再赘述）。

② 将两表笔（不分正负）分别与电阻的两端引脚相接即可测出实际电阻值。为了提高测量精度，应根据被测电阻标称值的大小来选择量程。由于欧姆挡刻度的非线性关系，它的中间一段分度较为精细，因此应使指针指示值尽可能落到刻度的中段位置，即全刻度起始的 20%～80% 弧度范围内，以使测量更准确。例如 50Ω 以下的电阻可用 R×1 挡；50～1000Ω 的电阻用 R×10 挡；1～500kΩ 的电阻可用 R×1k 挡；500kΩ 以上的电阻用 R×10k 挡。在测试中，万用表所测阻值读数应与电阻的标称阻值相符合。根据电阻误差等级不同，读数与标称阻值之间分别允许有 ±5%、±10% 或 ±20% 的误差。如不相符，超出误差范围，则说明该电阻变值了。如果测得的结果是 0，则说明该电阻已经短路。如果是无穷大，则表示电阻断路了，不能再继续使用。

（3）测量操作注意事项

注 意 ⚠

① 测试时，特别是在测几十千欧以上阻值的电阻时，手不要触及表笔和电阻的导电部分。因为人体具有一定电阻，会对测试产生一定的影响，使读数偏小。

② 被检测的电阻必须从电路中焊下来，至少要焊开一个头，以免电路中的其他元件对测试产生影响，造成测量误差。

③ 色环电阻的阻值虽然能以色环标志来确定，但在使用时最好还是用万用表测试一下其实际阻值，特别是无线电爱好者在业余制作中使用的业余品、利用品及购买的成包混装电阻，其色环未必很可取，在上机前一定要逐个细心进行测试，然后再焊接。

2.3.2 水泥电阻器的检测

水泥电阻器实际上也是固定电阻器的一种。它的电路符号与普通电阻相同。但水泥电阻是近年来发展起来的陶瓷绝缘功率型线绕电阻，其结构较普通电阻复杂，所以对其检测方法等专门进行叙述。

水泥电阻器的内部结构如图 2-7 所示。

 **图 解**

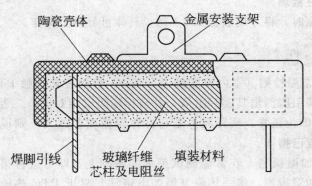

图 2-7 水泥电阻器的内部结构

检测水泥电阻的方法及注意事项与检测普通固定电阻完全相同。由于水泥电阻一般都工作在大电流高压状态下，因此损坏概率相对较高。对于 10Ω 以下的水泥电阻，当其烧断损坏后，如果一时购不到原配型号予以代换，可根据电路要求，采用电阻丝、漆包线或者内热式电烙铁芯来应急代换。

2.3.3 熔断电阻器的检测

在电路中，当熔断电阻器熔断开路后，可根据经验做出判断：若发现熔断电阻器表面发黑或烧焦，可断定是其负荷过重，通过它的电流超过额定值很多倍所致，如果其表面无任何痕迹而开路，则表明流过的电流刚好等于或稍大于其额定熔断值。对于表面无任何痕迹的熔断电阻器好坏的判断，可借助万用表 R×1 挡来测量，为保证测量准确，应将熔断电阻器一端从电路上焊下。若测得的阻值为无穷大，则说明此熔断电阻器已失效开路，若测得的阻值与标称值相差甚远，表明电阻变值，也不宜再使用，在维修实践中发现，也有少数熔断电阻器在电路中校击穿短路的现象，检测时也应予以注意。

2.3.4 热敏电阻器的检测

(1) 定性检测

检测时，将万用表置 R×1 挡，具体可分两步操作。

操 作

① 常温检测（室内温度接近 $25℃$）　将两表笔接触 PTC 热敏电阻的两引脚测出其实际阻值，并与标称阻值相对比，二者相差在 $\pm2\Omega$ 内即为正常。实际阻值若与标称阻值相差过大，则说明其性能不良或已损坏。

② 加温检测　在常温测试正常的基础上，即可进行第二步测试——加温检测。将一热源（例如电烙铁）靠近 PTC 热敏电阻对其加热，同时用万用表监测其电阻值是否随温度的升高而增大，如

是，说明热敏电阻正常，若阻值无变化，说明其性能变劣，不能再继续使用。

在上述检测中应注意，检测时应将热敏电阻与电路脱开，消磁电路中的 PTC，应将印制板上的消磁线圈插头拔下，以切断 PTC 与消磁线圈间的通路。另外，在常温检测时，不应在断电关机后或焊接后立即进行检测，因为这时 PTC 热敏电阻温度较高，所测得的阻值会明显大于标称值，容易造成误判。应在 PTC 温度自然冷却到与室温一致时，再进行测试；在进行加温检测时，注意不要使热源与 PTC 热敏电阻器得过近或直接接触热敏电阻，以防止将其烫坏。

（2）定量检测

此种方法较为复杂一些，但检测 PTC 性能的准确度要比定性检测高。测试电路如图 2-8 所示。被测元件型号为 MZ72B，其标称电阻值为 12Ω±20%（即 9.6～14.4Ω）。将直流稳压电源调至 10V。使用两块万用表，表Ⅰ拨至直流 500mA 电流挡，表Ⅱ拨至直流 50V 电压挡用以监测电源电压。按图 2-8 电路图连接好。在接通电源开关的瞬间，表Ⅰ的指针读数冲过 500mA，然后迅速下降，经过 36s 降至 80mA。由此不难推算出，电阻值从 13.5Ω 增至 125Ω。

 图　解

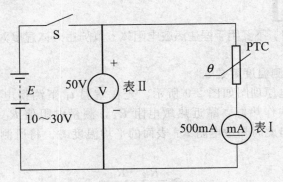

图 2-8　PTC 定量测试电路

待 PTC 恢复冷态后，将直流稳压电源调至 30V，表 I 拨至 5A 直流挡，在通电的瞬间电流接近 2A，经过 8s 时间降至 30mA，对应的电阻值约为 1kΩ。

(3) 负温度系数热敏电阻器的检测

1) 测量标称电阻值 R_t

用万用表测量 NTC 热敏电阻的方法与测量普通固定电阻的方法相同，即根据 NTC 热敏电阻的标称阻值选择合适的电阻挡可直接测出 R_t 的实际值。但因 NTC 热敏电阻对温度很敏感，故测试时应注意以下几点。

① 由标称阻值 R_t 的定义可知，此值是生产厂家在环境温度为 25℃ 时所测得的。所以用万用表测量 R_t 时，亦应在环境温度接近 25℃ 时进行，以保证测试的可信度。

② 测量功率不得超过规定值，以免电流热效应引起测量误差。例如，MF12-1 型 NTC 热敏电阻，其额定功率为 1W，测量功率 $P_1 = 0.2$mW。假定标称电阻值 R_t 为 10kΩ，则测试电流：

$$I_{测} = \sqrt{\frac{R_1}{R_t}} = \sqrt{\frac{0.2 \times 10^{-3}}{10 \times 10^3}} = 141\mu A$$

显然使用 R×1k 挡比较合适，该挡满度电流 I_M 通常为几十至一百几十微安。例如常用的 500 型万用表 R×1k 挡的 $I_M = 150\mu A$，与 $141\mu A$ 很接近。

注 意 ⚠️

测试时，不要用手捏住热敏电阻体，以防止人体温度对测试产生影响。

2) 估测温度系数 α_t

测试电原理图如图 2-9 所示。先在室温 t_1 下测得电阻值 R_{t1}；再用电烙铁作热源，靠近热敏电阻 R_T，测量电阻值 R_{t2}，同时用温度计测出此时热敏电阻 R_T 表面的平均温度 t_2。将所测得的数据代入下式：

$$\alpha_t \approx \frac{R_{t2} - R_{t1}}{R_{t1}(t_2 - t_1)}$$

NTC 热敏电阻的 $\alpha_t < 0$。

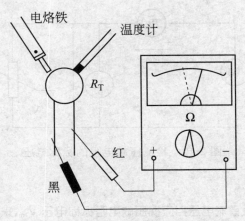

图 2-9　检测 NTC 热敏电阻的温度系数

注意 ⚠

　　① 给热敏电阻加热时，宜用 20W 左右的小功率电烙铁，且烙铁头不要直接去接触热敏电阻或靠得太近，以防损坏热敏电阻。

　　② 若测得的 $\alpha_t > 0$，则表明该热敏电阻不是 NTC 而是 PTC。

2.3.5 **压敏电阻器的检测**

(1) 测量绝缘电阻

　　用万用表 R×1k 挡测量压敏电阻两引脚之间的正、反向绝缘电阻，均应为无穷大，否则，说明漏电流大。若所测电阻很小，说明压敏电阻已损坏，不能使用。

(2) 测量标称电压

　　测试电路如图 2-10 所示，利用兆欧表提供测试电压，使用两块万用表，一块用直流电压挡读出 V_{1mV}，另一块用直流电流挡读出 I_{1mA}。然后调换压敏电阻引脚位置用同样方法可读出 V'_{1mV} 和

$I'_{1\text{mA}}$。所测值应满足 $V_{1\text{mA}} \approx |V'_{1\text{mA}}|$，否则说明对称性不好。

 图　解

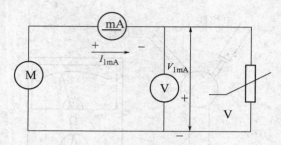

图 2-10　检测压敏电阻的标称电压

注　意 ⚠

① 万用表直流电压挡应视压敏电阻标称电压 $V_{1\text{mA}}$ 来正确选择，如 $V_{1\text{mA}} = 470\text{V}$，则宜选用 500V 挡。

② 万用表直流电流挡一般选 1mA 挡。

2.3.6　光敏电阻器的检测

检测光敏电阻时，可使用万用表 R×1k 挡，将两表笔分别任意接光敏电阻的两个引脚，然后按下列方法进行测试。

(1) 检测暗阻

用一黑纸片将光敏电阻的透光窗口遮住，此时万用表的指针基本保持不动，阻值接近无穷大。此值越大说明光敏电阻性能越好。若此值很小或接近为零，说明光敏电阻已烧穿损坏，不能再继续使用。

(2) 检测亮阻

将光源对准光敏电阻的透光窗口，此时万用表的指针应有较大幅度的摆动，阻值明显减小。此值越小说明光敏电阻性能越好。若此值很大甚至无穷大，表明光敏电阻内部开路损坏、也不能再继续使用。

(3) 检测灵敏性

　　将光敏电阻透光窗口对准入射光线，用小黑纸片在光敏电阻的透光窗上部晃动，使其间断受光，此时万用表指针应随黑纸片的晃动而左右摆动。如果万用表指针始终停在某一位置不随纸片晃动而摆动，说明光敏电阻的光敏材料已经损坏。

第**3**章
电 容 器

电容器（简称为电容）是组成电子电路的主要元件。电容量是表现电容器容纳电荷本领的物理量。电容从物理学上讲，它是一种静态电荷存储介质，可能电荷会永久存在，这是它的特征，它的用途较广，它是电子、电力领域中不可缺少的电子元件。主要用于电源滤波、信号滤波、信号耦合、谐振、滤波、补偿、充电放电、储能、隔直流等电路中。

3.1 电容器的基本知识

电容器在各类电子线路中是用量仅次于电阻器的重要元件。电容器是储能元件，当两端加上电压以后，极板间的电介质即处于电场之中。电介质在电场的作用下，原来的电中性不能继续维持，其内部也形成电场，这种现象叫做电介质的极化。在极化状态下的介质两边，可以储存一定量的电荷，储存电荷的能力用电容量表示。

3.1.1 电容器的结构、作用及电路图形符号

(1) 电容器的结构特性和作用

它的基本结构是用一层绝缘材料（介质）间隔的两片导体。最简单的电容器是由两块平行并且彼此绝缘的金属板组成。由于两块平行并且彼此绝缘的金属板具有存储电荷的能力，因此电容器是一种可存储电荷的元件。

在电容的两个电极加上电压时，电容就能充电，能够暂时储存

所充入的电能。

电容具有"通交流，隔直流"的特性。直流电的极性和电压大小是固定不变的，不能通过电容器。而交流电的极性和电压的大小是不断变化的，能使电容不断地充电和放电，形成充放电电流。

（2）电容器的作用

电容器的用途较广，它是电子、电力领域中不可缺少的电子元件。主要用于电源滤波（消除干扰信号、杂波等）、信号滤波、去除信号耦合（消除或减轻两个以上电路间在某方面相互影响的方法）、旁路（与某元器件并联，其中电容一端接地）、谐振（与电感并联或串联后，振荡频率与输入信号频率相同时产生的现象）、滤波、补偿、充电放电、储能、隔直流等电路中。

（3）电容器的电路图形符号

电容器的在电路中的符号见图 3-1，它形象地表达出电容器是由两块平行并且彼此绝缘的金属板组成。图 3-1 中从左到右依次表示的是固定电容器、预调电容器、可调电容器和有极性的电容器。

图 解

固定电容器　预调电容器　可调电容器　极性电容器

图 3-1　电容器的符号

3.1.2 电容器的分类

电容器有多种分类方法。

（1）**按结构及电容量**

电容器根据其结构可分为固定电容器、可变电容器和半可变电容器，目前使用最多的是固定容量的电容器。

（2）按极性来分

电容可分为有极性的电解电容和无极性的普通电容。

（3）根据其介质材料

电容可以分为瓷介质、云母介质、纸介质、金属化薄膜介质等电容。下面对这些电容器进行分类介绍。

① 纸介质电容器　以纸为介质的电容器，用带状的两层铝箔或锡箔中间夹垫浸过石蜡的纸卷成圆筒状，再装入纸壳或玻璃（陶瓷）管中，两端用沥青或火漆一类的绝缘材料封装而成。纸质电容器因为是以含有蜡的纸为电介质，所以高压用电路中，一直以其为主要电容器。常见纸介电容器的封装有玻璃、陶瓷和金属外壳。实物如图 3-2 所示。

 图　解

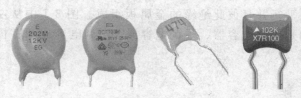

图 3-2　陶瓷电容实物图

② 云母介质电容器　以云母为介质，由金属箔或在云母表面上喷银构成电极，按所需的容量叠片后经浸渍压塑在胶木壳内构成的电容器（图 3-3）。

云母是天然而具有最高电介质常数的电介质，其电容器具备优良的绝缘电阻，电介质损耗因素，频率特性和温度特性等，但是价格高是其缺点。云母电容器广泛应用于收音机、录音机和电视机及无线电通信设备中，高电压，大功率的场合更为广泛。

③ 瓷介质电容器　用陶瓷做介质，在陶瓷基体两面喷涂银层，然后烧成银质薄膜做极板制成。瓷介电容器有高频（CC 型）

和低频（CT型）两类。高频瓷介电容器常用于高频和脉冲电路，低频瓷介电容器（包括独石电容器），一般用于旁路、耦合等低频电路。

④ 金属化薄膜介质电容器　金属化薄膜电容器是采用金属化薄膜卷绕，并用环氧树脂包封的一种电容器。按照采用的薄膜不同，金属化薄膜电容器又有金属化聚酯薄膜电容器和金属化聚丙烯薄膜电容器之分。金属化聚酯薄膜电容器具有体积小、容量大、耐压高、可靠性好等特点。金属化聚丙烯薄膜电容器也被称为 CBB 电容器，这种电容器具有体积小、耐压高、容量大、损耗小。高频特性好、可靠性高等特点。金属化聚丙烯薄膜电容器可以代替大部分聚苯或云母电容器，用于要求较高的电路。

 图　解

图 3-3　云母电容实物图

（4）按作用及用途的不同分类

在读懂电路和设计电路时，明白所选电容所起到的作用，对于正确选择电容类型及其型号，是很关键的。

电容器的基本作用就是充电与放电，但由这种基本充放电作用所延伸出来的许多电路现象，使得电容器有着种种不同的用途，例如在电动马达中，我们用它来产生相移；在照相闪光灯中，用它来产生高能量的瞬间放电等；而在电子电路中，电容器不同性质的用途尤多，这些不同的用途，虽然也有截然不同之处，但因其作用均来自充电与放电。下面是一些电容的按照所起作用的分类。

① 耦合电容：用在耦合电路中的电容称为耦合电容。

在阻容耦合放大器和其他电容耦合电路中大量使用这种电容电路，起隔直流、通交流作用。

② 滤波电容：用在滤波电路中的电容器称为滤波电容。

在电源滤波和各种滤波器电路中使用这种电容电路，滤波电容将一定频段内的信号从总信号中去除。

③ 退耦电容：用在退耦电路中的电容器称为退耦电容。

在多级放大器的直流电压供给电路中使用这种电容电路，退耦电容消除每级放大器之间的有害低频交连。

④ 高频消振电容：用在高频消振电路中的电容称为高频消振电容。

在音频负反馈放大器中，为了消振可能出现的高频自激，采用这种电容电路，以消除放大器可能出现的高频啸叫。

⑤ 谐振电容：用在 LC 谐振电路中的电容器称为谐振电容，LC 并联和串联谐振电路中都需这种电容电路。

⑥ 旁路电容：用在旁路电路中的电容器称为旁路电容。

电路中如果需要从信号中去掉某一频段的信号，可以使用旁路电容电路，根据所去掉信号频率不同，有全频域（所有交流信号）旁路电容电路和高频旁路电容电路。

⑦ 中和电容：用在中和电路中的电容器称为中和电容。

在收音机高频和中频放大器，电视机高频放大器中，采用这种中和电容电路，以消除自激。

⑧ 定时电容：用在定时电路中的电容器称为定时电容。

在需要通过电容充电、放电进行时间控制的电路中使用定时电容电路，电容起控制时间常数大小的作用。

⑨ 积分电容：用在积分电路中的电容器称为积分电容。

在电势场扫描的同步分离电路中，采用这种积分电容电路，可以从场复合同步信号中取出场同步信号。

⑩ 微分电容：用在微分电路中的电容器称为微分电容。

在触发器电路中为了得到尖顶触发信号，采用这种微分电容电路，以从各类（主要是矩形脉冲）信号中得到尖顶脉冲触发信号。

⑪ 补偿电容：用在补偿电路中的电容器称为补偿电容。

在卡座的低音补偿电路中，使用这种低频补偿电容电路，以提升放音信号中的低频信号，此外，还有高频补偿电容电路。

⑫ 自举电容：用在自举电路中的电容器称为自举电容，常用的 OTL 功率放大器输出级电路采用这种自举电容电路，以通过正反馈的方式少量提升信号的正半周幅度。

⑬ 分频电容：在分频电路中的电容器称为分频电容。

在音箱的扬声器分频电路中，使用分频电容电路，以使高频扬声器工作在高频段，中频扬声器工作在中频段，低频扬声器工作在低频段。

⑭ 负载电容：是指与石英晶体谐振器一起决定负载谐振频率的有效外界电容。

负载电容常用的标准值有 16pF、20pF、30pF、33pF、50pF 和 100pF。负载电容可以根据具体情况作适当的调整，通过调整一般可以将谐振器的工作频率调到标称值。

3.1.3 电容器的型号和命名方法

根据部颁标准（SJ-73）规定，电容器的命名由下列四部分组成：

第一部分用字母"C"表示主称电容器，第二部分用字母表示电容器的介质材料，第三部分数字或字母表示电容器的类别，第四部分用数字表示序号。它们的型号命名方法见表 3-1，如果第三部分是数字时所代表的意义见表 3-2。

表 3-1　电容器型号命名方法

第一部分		第二部分		第三部分		第四部分
用字母表示主称		介质材料		用数字或字母表示特征		序号
字母	意义	符号	意义	符号	意义	
		C	瓷介	T	铁电	
		I	玻璃釉	W	微调	
		O	玻璃膜	J	金属化	
		Y	云母	X	小型	
		V	云母纸	S	独石	
		Z	纸介	D	低压	
		J	金属化纸	M	密封	
		B	聚苯乙烯	Y	高压	
		F	聚四氟乙烯	C	穿心式	
C	电容器	L	涤纶			包括:品种、尺寸、代号、温度特征、直流工作电压、标称值、允许误差、标准代号
		S	聚碳酸酯			
		H	纸膜复合			
		Q	漆膜			
		D	铝电解			
		A	钽电解			
		G	金属电解			
		N	铌电解			
		T	钛电解			
		M	压敏			
		E	其他材料			

表 3-2 第三部分是数字所代表的意义

符号 （数字）	特征（型号的第三部分）的意义			
	瓷介电容器	云母电容器	有机电容器	电解电容器
1	圆片		非密封	箔式
2	管型	非密封	非密封	箔式
3	迭片	密封	密封	烧结粉液体
4	独石	密封	密封	
5	穿心		穿心	
6				
7				无极性
8	高压	高压	高压	
9			特殊	特殊

图 解

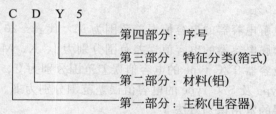

CDY5 就是 5 号、高压型、铝电解电容。

3.1.4 电容器的规格和常用识别方法

（1）电容器的规格

① 电容量

一般电解电容器的电容量范围为 $0.47 \sim 10000\mu F$，测试频率为 120Hz。

塑料薄膜电容器的电容量范围为 $0.47 \sim 10000\mu F$，测试频率为 1kHz。

陶瓷电容器 T/Ctype 的电容量范围为 $1 \sim 680pF$，测试频率为 1MHz。

Hi-K type 电容器的电容量范围为 $0.01\sim0.047\mu F$，测试频率为 1kHz。

S/C type 的电容量范围为 $0.01\sim0.33\mu F$。

② 电容值误差

电容器的容量误差通常用字符表示：

第一种，绝对误差，通常以电容量的值的绝对误差表示，以 pF 为单位，即：B 代表 $\pm0.1pF$、C 代表 $\pm0.25pF$、D 代表 $\pm0.5pF$，Y 代表 $\pm1pF$，A 代表 $\pm1.5pF$，V 代表 $\pm5pF$。这种表达方式通常用于小容量电容器。

第二种，相对误差，以电容量标称值的偏差百分数表示，即：D 代表 $\pm0.5\%$，P 代表 $\pm0.625\%$、F 代表 $\pm1\%$，R 代表 $\pm1.25\%$，G 代表 $\pm2\%$，U 代表 $\pm3.5\%$，J 代表 $\pm5\%$，K 代表 $\pm10\%$，M 代表 $\pm20\%$，S 代表 $\pm50\%/-20\%$、Z 代表 $\pm80\%/-20\%$。

一般电解电容器的电容值误差范围为 M，代表 $\pm20\%$；

塑料薄膜电容器的电容值误差范围分别为 J、K、M；

陶瓷电容器 T/C type 的电容值误差范围分别为 C、D、J、K；

Hi-K type 及 S/C type 的电容值误差范围分别为 K、M、Z。

(2) 电容器的常用识别方法

电容器的参数标注方法有直标法、文字符号法、数码标示法和色标法。

① 直标法

指标法使用数字和字母把规格、型号直接标在外壳上，该方法主要用在体积较大的电容器上。通常用数字标注容量、耐压、误差、温度范围等内容；而字母则用来标示介质材料、封装形式等内容。这种标注方法可直接参考表 3-1 和表 3-2 所列。

在有些厂家采用的直接标示方法中，常把整数单位的"0"省去，如".01μF"表示 $0.01\mu F$；有些用 R 表示小数点，如 R10μF 则表示 $0.10\mu F$。

② 文字符号法

文字符号法，用文字符号表示电容的单位（n 表示 nF、p 表示 pF、μ 表示 μF 或用 R 表示 μF 等）。电容容量（用阿拉伯数字表示）的整数部分写在电容单位的前面，电容容量的小数部分写在电容单位的后面；凡为整数（一般为 4 位）、又无单位标注的电容器，其单位默认为 pF，凡用小数、又无单位标注的电容器，其单位默认为 μF。

 图 解

10p 表示容量为 10pF

10n 表示容量为 10nF，即 0.01μF

3p3 表示容量为 3.3pF

8n2 表示容量为 8.2nF，即 8200pF

允许偏差一般用字母表示，见表 3-3。

表 3-3   允许偏差标注字母及含义

字母	含义	字母	含义
B	±0.1%	M	±20%
C	±0.25%	N	±30%
D	±0.5%	Z	−20%～+80%
E	±0.005%	P	±0.1%
F	±1%	Q	−10%～+30%
G	±2%	S	−20%～+50%
Y	±0.002%	T	−10%～+50%
H	+100%	W	±0.05%
J	±5%	X	±0.001%
K	±10%	不标注	−20%
L	±0.01%		

③ 数码标示法

体积较小的电容器常用数字标志法。数码表示法，一般用三位整数，第一位、第二位为有效数字，第三位表示有效数字后面零的个数，单位为皮法（pF），但是当第三位数是 9 时表示 $\times 10^{-1}$。

🔍 **图　解**

243 表示容量为 $24 \times 10^3 \, \text{pF}$

103 表示容量为 $10 \times 10^3 \, \text{pF}$

104 表示容量为 $10 \times 10^4 \, \text{pF}$

332 表示容量为 $33 \times 10^2 \, \text{pF}$

473 表示容量为 $47 \times 10^3 \, \text{pF}$

339 表示容量为 $33 \times 10^{-1} \, \text{pF}$

④ 色标法

电容器的色标法和电阻器相似，单位一般为 pF。对于圆片或矩形片状等电容器，非引线端部的一环为第一色环，以后依次为第二色环，第三色环，……，色环电容也分 4 环和 5 环形式，有些产品还有距 4 环或 5 环较远的第五或第六环，这两环往往代表电容特性或工作电压。第一、二环是有效数字，第三环是后面加"0"的个数，第四环是误差，各色环代表的数值与色环电阻一样。另外，若某一道色环的宽度是标准宽度的 2 或 3 倍，则表示这是相同颜色的 2 或 3 道色环。

小型电解电容器的耐压也有用色标法的，位置靠近正极引出线的根部，电容器色标法中颜色对应的耐压表如表 3-4 所示。

表 3-4　电容器色标法中颜色对应的耐压表

颜色	黑	棕	红	橙	黄	绿	蓝	紫	灰
耐压	4V	6.3V	10V	16V	25V	32V	40V	50V	63V

3.1.5　电容器的主要参数

电容器储存电荷的能力称为标称容量、允许误差和额定工作电压（又称耐压）、漏电流、绝缘电阻、温度系数和频率特性等。

(1) 标称容量

电容量标明电容器存储电荷的能力，它是电容器的基本参数，电容量由下式确定：

$$C=\frac{Q}{U}$$

式中，C 是电容量，F；Q 表示一个电极板上的电荷量，C；U 是两电极板之间的电位差，V。

如果一个电极板上所带的电荷量为 1C，两电极板之间的电位差为 1V，这时电容器的电容量为 1F。由于 F（法）这个单位在使用时太大，工程上常用它的导出单位。导出单位和符号如下：微法（μF）、纳法（nF）、皮法（pF）（皮法又称微微法）等，它们的关系是：1 法拉（F）=1000000 微法（μF）1 微法（μF）=1000 纳法（nF）=1000000 皮法（pF）。

(2) 允许误差

电容器的实际电容量与标称容量不可能完全一致，两者会有一定偏差。电容器的实际电容量对于标称容量的允许最大偏差范围，称电容器的允许偏差。其计算公式为

$$\delta=\frac{C_{\text{实}}-C_{\text{标}}}{C_{\text{标}}}\times 100\%$$

式中　$C_{\text{实}}$——电容器的实际电容量；

　　　$C_{\text{标}}$——电容器的标称容量。

电容器常用允许偏差为 ±5%、±10%、±20%。标称容量小于 10pF 的无机介质电容器，所用允许偏差一般为 ±0.1pF、±0.25pF、±0.5pF、±1pF。

(3) 额定工作电压

额定工作电压也称电容器的耐压值，是指电容器的规定的温度范围内，能够连续正常工作时所能承受的最高电压。额定工作电压值一般直接标注在电容器上。在使用时，加在电容器上的实际工作电压应低于电容器上所标注的额定工作电压，否则会造成电容器因过压而击穿损坏。此外还应注意，电容器上标明的额定工作电压，

一般都是指电容器的直流工作电压，当将电容器用在交流电路中时，则应使所加的交流电压的最大值（峰值）不能超过电容器上所标明的电压值。

常用的固定电容工作电压有 6.3V、10V、16V、25V、50V、63V、100V、2500V、400V、500V、630V、1000V。

（4）漏电流

电容器的介质材料并不是绝对的绝缘体，它在一定的工作电压和温度的条件下，会有一定的电流流过，此电流即成为电容器的漏电流。通常，电解电容器的漏电流比较大，而其他电容器的漏电流比较小。

（5）绝缘电阻

绝缘电阻也称漏电阻。电容器的绝缘电阻与电容器的漏电流成反比。绝缘电阻越小，漏电流越大。反之，绝缘电阻越大，漏电流越小。显然，电容器的绝缘电阻越大，它的质量就越好。

（6）温度系数

当温度变化时，电容器的容量也会随之出现微小的变化，电容器的这种特性常用温度系数来表征。温度系数是指在一定温度范围内，温度每改变 1℃时，电容值的相对变化量。

电容器的温度系数主要与其结构和介质材料的温度系数等因素相关。通常，电容器的温度系数值越大，电容量随温度的变化量也越大。反之，温度系数值越小，则电容量随温度的变化值越小。显然，温度系数值越小，电容器的质量越好。

（7）频率特性

频率特性是指电容器工作在交流电路中（尤其高频电路）时，其电容量等参数随频率变化而变化的特性。不同介质材料的电容器，其最高工作频率也有所不同。例如，高频电路中只能使用容量较小的高频瓷介电容器或云母电容器，而容量较大的电容器（如电解电容器）只适合用于低频电路中。表 3-5 列出了常用电容器的最高工作频率，供读者参考。

表 3-5　常用电容器最高工作频率

电容器种类	等效电感($10^{-3}\mu$H)	最高工作频率 /MHz
CC10 瓷介电容器	0.01～0.02	400～500
CC101 瓷介电容器	0.001～0.0015	8000～10000
高频片状瓷介电容器	1～1.5	2000～3000
中型片状瓷介电容器	20～30	50～70
小型片状瓷介电容器	3～10	150～200
片状瓷介电容器	2～4	200～300
中型云母电容器	15～25	75～100
小型云母电容器	4～6	150～250
大型纸介电容器	50～100	1～1.5
中型纸介电容器	30～60	5～8
小型纸介电容器	6～11	5～80

3.1.6 怎样判别电容器的质量

电容器焊装之前，必须认真检查一次，对短路、断路、漏电和失效者一律剔除不用。方法如下。

操　作

① 固定式电容器漏电判别用万用表的电阻 R×10k 挡，表棒接触电容器两端时，表针应先向顺时针跳动一下，然后逐步逆时针复原退回到∞处。如不能复原，则稳定后的读数表示电容器漏电的电阻值（几百至几千兆欧）。阻值越大，电容器绝缘性能越好。这种方法试验电解电容器时，万用表宜选用 R×1k 挡，这样观察时间可缩短些。

② 电容器容量的判别对 5000pF 以上的电容器，万用表拨至 R×1k（对 1μF 以下的拨至 R×10k 挡），用表笔接触电容器两端，表针跳动越大，电容器容量也就越大。

③ 可变电容器碰片判别把万用表拨到 R×1k 挡，两表笔分别

搭在定片和动片上，旋转电容的旋轴到某一位置，表针指 0，则认为碰片。

3.1.7 电容器使用注意事项

不同电路应该选用不同种类的电容器。谐振回路就可以选用云母、高频陶瓷电容器，隔直流可以选用纸介、涤纶、云母、电解、陶瓷等电容器，滤波电路可以选用电解电容器，旁路电路可以选用涤纶、纸介、陶瓷、电解等电容器。

电解电容器是最常用的电容器，在使用中要注意以下问题。

注意

① 电解电容在滤波电路中根据具体情况取电压值为噪声峰值的1.2～1.5倍，并不根据滤波电路的额定值。

② 电解电容的正下面不得有焊盘和过孔。

③ 电解电容不得和周边的发热元件直接接触。

④ 铝电解电容分正负极，不得加反向电压和交流电压，对可能出现反向电压的地方应使用无极性电容。

⑤ 对需要快速充放电的地方，不应使用铝电解电容器，应选择特别设计的具有较长寿命的电容器。

⑥ 不应使用过载电压。

⑦ 设计电路板时，应注意电容器防爆阀上端不得有任何线路，并应留出 2mm 以上的空隙。

⑧ 两个以上电解电容串联的时候要考虑使用平衡电阻器，使得各个电容上的电压在其额定的范围内。

⑨ 设计电路板时，应注意电容器防爆阀上端不得有任何线路，并应留出 2mm 以上的空隙。

⑩ 电解液主要化学溶剂及电解纸为易燃物，且电解液导电。当电解液与 PC 板接触时，可能腐蚀 PC 板上的线路。以致生烟或着火。因此在电解电容下面不应有任何线路。

⑪ 设计线路板向背应确认发热元器件不靠近铝电解电容或者电解电容。

3.2 怎样选用电容器

3.2.1 固定电容的选用

(1) 固定有机介质电容器的选用

在固定有机介质电容器中，使用最多的是有机薄膜介质电容器，例如涤纶电容器（CL 系列）、聚苯乙烯电容器（CB 系列）和聚丙烯电容器（CBB 系列）。

涤纶电容器可用于收录机、电视机等电子设备的中、低频电路中作退耦、旁路、隔直流电容器用。

聚苯乙烯电容器可用于音响电路和高压脉冲电路中，不能用于高频电路。

聚丙烯电容器的高频特性比涤纶电容器和聚苯乙烯电容器好，除了能用于电视机、音响以及电子设备的直流电路、高频脉冲电路外，还可作为交流电动机的启动运转电容器。

(2) 固定无机介质电容器的选用

在固定无机介质电容器中，使用最多的是瓷介电容器，尤其是瓷片电容器、独石电容器和无引线瓷介电容器。

高频电路与超高频电路应选用Ⅰ类瓷介电容器，中、低频电路可选用Ⅱ类瓷介电容器。Ⅲ类瓷介电容器只能用于低频电路，而不能用于中、高频电路。

高频电路中的耦合电容器、旁路电容器及调谐电路中的固定电容器，均可以选用玻璃釉电容器或云母电容器。

3.2.2 可变电容、微调电容的选用

(1) 可变电容器的选用

可变电容器是指电容值可以在比较大的范围内发生变化，并可确定为某一个值。可变电容器分为波膜介质和空气介质两种形式。

常用于耦合及调谐电路中，常见的有双联电容、陶瓷电容等。

(2) 微调电容器的选用

微调电容器也称半可变电容器，它的电容量可在某一小范围内调整，并可在调整后固定于某个电容值。

瓷介微调电容器的品质极高，体积也小，通常可分为圆管式及圆片式两种。

云母和聚苯乙烯介质的微调电容器，通常都采用弹簧式结构，这种微调电容器结构简单，但稳定性较差。

线绕瓷介微调电容器是拆铜丝（外电极）来变动电容量的，因此电容量只能变小，不适合在需反复调试的场合使用。

3.2.3 片状电容的选用

片状电容是一种新器件，主要有以下几种类型。

(1) 片状陶瓷电容

片状陶瓷电容是片状电容器中产量最大的一种，有 3216 型和 3215 型两种。片状陶瓷电容的容量范围宽（1～47800pF），耐压为 25V、50V，常用于混合集成电路和电子手表电路中。

(2) 片状钽电容

片状钽电容的体积小、容量大。其正极使用钽棒并露出一部分，另一端是负极。片状钽电容容量范围为 $0.1～100\mu F$，其耐压值常用的是 16V 和 35V。它广泛应用在台式计算机、手机、数码照相机和精密电子仪器等电路中。

3.3 电容器的检测

3.3.1 固定电容器的检测

(1) 检测 10pF 以下的小电容

因 10pF 以下的固定电容器容量太小，用万用表进行测量，只能定性地检查其是否有漏电，内部短路或击穿现象。测量时，可选用万用表 R×10k 挡，用两表笔分别任意接电容的两个引脚，阻值应为无穷大。若测出阻值（指针向右摆动）为零，则说明电容漏电损坏或内部击穿。

(2) 检测 10pF～0.01μF 固定电容器

通过检测 10pF～0.01μF 固定电容器是否有充电现象，进而判断其好坏。万用表选用 R×1k 挡。两只三极管的 β 值均为 100 以上，且穿透电流要小。可选用 3DG6 等型号硅三极管组成复合管。万用表的红和黑表笔分别与复合管的发射极 e 和集电极 c 相接。由于复合三极管的放大作用，把被测电容的充放电过程予以放大，使万用表指针摆幅度加大，从而便于观察。应注意的是：在测试操作时，特别是在测较小容量的电容时，要反复调换被测电容引脚接触 A、B 两点，才能明显地看到万用表指针的摆动。

(3) 检测 0.01μF 以上的固定电容

对于 0.01μF 以上的固定电容，可用万用表的 R×10k 挡直接测试电容器有无充电过程以及有无内部短路或漏电，并可根据指针向右摆动的幅度大小估计出电容器的容量。

3.3.2 电解电容器的检测

 操 作

① 因为电解电容的容量较一般固定电容大得多，所以测量时，应针对不同容量选用合适的量程。根据经验，一般情况下，1～47μF 的电容，可用 R×1k 挡测量，大于 47μF 的电容可用 R×100 挡测量。

② 将万用表红表笔接负极，黑表笔接正极，在刚接触的瞬间，万用表指针即向右偏转较大偏度（对于同一电阻挡，容量越大，摆幅越大），接着逐渐向左回转，直到停在某一位置。此时的阻值便是电解电容的正向漏电阻，此值略大于反向漏电阻。实际使用经验表明，电解电容的漏电阻一般应在几百千欧以上，否则，将不能正常工作。在测试中，若正向、反向均无充电的现象，即表针不动，

则说明容量消失或内部断路；如果所测阻值很小或为零，说明电容漏电大或已击穿损坏，不能再使用。

③ 对于正、负极标志不明的电解电容器，可利用上述测量漏电阻的方法加以判别。即先任意测一下漏电阻，记住其大小，然后交换表笔再测出一个阻值。两次测量中阻值大的那一次便是正向接法，即黑表笔接的是正极，红表笔接的是负极。

④ 使用万用表电阻挡，采用给电解电容进行正、反向充电的方法，根据指针向右摆动幅度的大小，可估测出电解电容的容量。

3.3.3 可变电容器的检测

 操 作

① 用手轻轻旋动转轴，应感觉十分平滑，不应感觉有时松时紧甚至有卡滞现象。将转轴向前、后、上、下、左、右等各个方向推动时，转轴不应有松动的现象。

② 用一只手旋动转轴，另一只手轻摸动片组的外缘，不应感觉有任何松脱现象。转轴与动片之间接触不良的可变电容器，是不能再继续使用的。

③ 将万用表置于 R×10k 挡，一只手将两个表笔分别接可变电容器的动片和定片的引出端，另一只手将转轴缓缓旋动几个来回，万用表指针都应在无穷大位置不动。在旋动转轴的过程中，如果指针有时指向零，说明动片和定片之间存在短路点；如果碰到某一角度，万用表读数不为无穷大而是出现一定阻值，说明可变电容器动片与定片之间存在漏电现象。

3.3.4 AT680SE电容漏电流测试仪

AT680SE 是采用高性能微处理器控制的电容漏电流测试仪（图 3-4）。数控测试电压：1～650V，6 量程测试，使漏电流精度提高到 2%，它可以测试 10nA～20mA 的电流，最大显示位数 1999。测试速度可达 15 次/s，超高速测试为自动化生产提供了最佳方案，并且可完全替代模拟指针表。

图 3-4　AT680SE 电容漏电流测试仪

仪器拥有分选功能，分选讯响设置，还可配备 Handler 接口，应用于自动分选系统完成全自动流水线测试。并可选配 RS-232C 接口，用于远程控制和数据采集与分析。

(1) 技术规格

① 漏电流和绝缘电阻双参数测试。

② 最大读数：1999

③ 漏电流测试范围：10nA～20mA

④ 漏电流基本准确度：1%

⑤ 数控输出任意负电压：1.0～650VDC，＜100V：电压步进量 0.1V，≥100V：电压步进量 1V。基本准确度：1%

⑥ 最大充电电流：200mA±20mA。

⑦ 六量程自动或手动测试。

⑧ 三挡测试速度：高速 15 次/s，中速 7 次/s，慢速 3 次/s。

⑨ 内建精确定时器，自定义充电时间，定时时间：0～999.9s。

⑩ 双显示：同时显示漏电流、绝对偏差（△ABS）、相对偏差（△%）和分选输出结果（GD/NG）。

⑪ 多种触发方式：内部触发、手动触发

(2) 性能特征

高亮度，超清晰四色 VFD 显示，多种参数同时显示。

① 充电测试自动切换。

② 峰值保持功能。

③ 全量程开路清零功能。

④ 比较器（分选）功能：可对被测件进行 GD/NG 判断。

⑤ 比较器输出：可通过 RS232C 或选配 Handler 接口输出分选结果。

⑥ 讯响：可设置讯响开关。

⑦ 讯响和显示可调：用户可以根据自己需要设置 GD/NG 讯响和调节显示亮度。

⑧ 可选 RS-232C 串行接口。

⑨ 可选 Handler 接口。

⑩ 可选脚踏开关。

(3) 应用

① 电解电容器生产。

② 晶体管漏电流检测。

③ 电容器检验等。

第**4**章
电感线圈

电感线圈在电子制作中虽然使用得不是很多，但其在电路中同样重要。电感线圈经常和电容器一起工作，构成 LC 滤波器、LC 振荡器等。另外，人们还利用电感的特性，制造了扼流圈、变压器、继电器等。电感器的特性恰恰与电容的特性相反，它具有阻止交流电通过而让直流电通过的特性。

4.1 电感线圈的基本知识

电感线圈是由导线一圈靠一圈地绕在绝缘管上，导线彼此互相绝缘，而绝缘管可以是空心的，也可以包含铁芯或磁粉芯，简称电感。电感线圈和电容器一样，也是一种储能元件，它能把电能转变为磁场能，并在磁场中储存能量。电感器用符号 L 表示，它的基本单位是亨利（H），常用毫亨（mH）为单位。

当线圈中有电流通过时，线圈的周围就会产生磁场。当线圈中电流发生变化时，其周围的磁场也产生相应的变化，此变化的磁场可使线圈本身产生感应电动势，这就是自感。当两个电感线圈相互靠近时，一个电感线圈的磁场变化将影响另一个电感线圈，这种影响就是互感。互感的大小取决于电感线圈的自感与两个电感线圈耦合的程度。

电感线圈在电路中用字母"L"来表示，其电路图形符号如图 4-1 电感线圈的主要作用是对交流信号进行隔离、滤波或者与电容器和电阻器组成谐振电路。常见的几种电感线圈的实物图如图 4-2 所示。

图 4-1　电感器的一般图形符号

图 解

(a) 普通小型电感

(b) 色环电感

(c) 小型变压器

(d) 工字型电感

(e) 可调电感

(f) 贴片电感

(g) 空心电感

(h) 环形电感

图 4-2　常见电感线圈实物图

4.1.1 电感线圈的分类

电感线圈的分类方法很多，根据电感形式可以分为：固定电感和可变电感。

根据导磁体的性质可分为：空心线圈、铁氧体线圈、铁芯线圈、铜芯线圈。

根据绕线结构又可以分为：单层线圈、多层线圈、蜂房式线圈。

（1）单层线圈

用绝缘导线一圈挨一圈地绕在纸筒或胶木骨架上的这种线圈称为单层线圈。如晶体管收音机中波天线线圈。

（2）蜂房式线圈

如果所绕制的线圈，其平面不与旋转面平行，而是相交成一定的角度，这种线圈称为蜂房式线圈。而其旋转一周，导线来回弯折的次数，常称为折点数。蜂房式绕法的优点是体积小，分布电容小，而且电感量大。蜂房式线圈都是利用蜂房绕线机来绕制，折点越多，分布电容越小。

 图 解

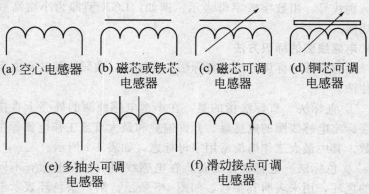

图 4-3　几种电感器的电路图形符号

电感线圈还可根据其工作性质分为：天线线圈、振荡线圈、扼流线圈、陷波线圈、偏转线圈。

几种常见的电感器的电路图形符号如图4-3所示。

4.1.2 电感线圈的型号命名和标识方法

(1) 电感线圈的型号命名

电感线圈的型号一般由下列四部分组成（图4-4）：

 图 解

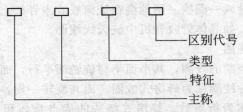

图 4-4　电感线圈的型号命名结构图

第一部分为主称，用字母表示，常用 L 表示线圈，ZL 表示高频或低频阻流圈；第二部分为特征，用字母表示，常用 G 表示高频；第三部分为类型，用字母表示，常用 X 表示小型；第四部分为区别代号，用数字或字母表示。例如：LGX 型即为小型高频电感线圈。

(2) 电感线圈的标识方法

电感线圈的标识方法有直标法、色标法、数码标注法和文字符标注法。

① 直标法　直标法指的是，在小型电感线圈的外壳上直接用文字标出电感线圈的电感量、允许偏差和最大直流工作电流等主要参数。其中最大工作电流常用字母标志，如表4-1所示。

② 色标法　色标法指的是，在电感线圈的外壳上涂有不同颜色的色环，用来表明其参数，如图4-5所示。第一条色环表示电感量的第一位有效数字；第二条色环表示电感量的第二位有效数字；

第三位色环表示十进倍数；第四条色环表示允许偏差。

表 4-1　小型固定电感线圈的工作电流和标志字母

标志字母	A	B	C	D	E
最大工作电流 /mA	50	150	300	700	1600

 图　解

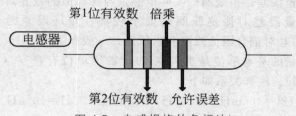

图 4-5　电感规格的色标法

所标志的电感量单位为 μH。数字与颜色的对应关系见表 4-2。

表 4-2　数字与颜色的对应关系

颜色	有效数字	乘数	允许偏差	颜色	有效数字	乘数	允许偏差
黑	0	10^0		紫	7	10^7	$\pm 0.1\%$
棕	1	10^1	$\pm 1\%$	灰	8	10^8	
红	2	10^2	$\pm 2\%$				$+5\%$
橙	3	10^3		白	9	10^9	-20%
黄	4	10^4		金		10^{-2}	$\pm 5\%$
绿	5	10^5	$\pm 0.5\%$	银		10^{-1}	$\pm 10\%$
蓝	6	10^6	$\pm 0.25\%$	无色			$\pm 20\%$

③ 数码标注法　电感器的数码标注法与电容器的相同，即数码的前两位数为有效数字，第三位数为零的个数，它们的单位为 μH，允许偏差为 $\pm 10\%$。

④ 文字符标注法　有的电感器采用文字符标注法进行标注，

即用数字和文字符号按一定的组合规律进行标注，所用单位为 nH 及 μH。

4.1.3 电感线圈的主要参数

（1）电感量标称值与误差

电感量又叫电感系数或自感系数，它是反映电感具备电磁感应能力的物理量。

电感量误差是指线圈的实际电感量与标称值的差异。

电感量误差对振荡线圈的要求较高，允许误差为 0.2%～ 0.5%；而其对耦合阻流线圈要求较低，一般在 10%～15% 之间。

电感量的基本单位是亨利（H），常用单位有毫亨（mH）和微亨（μH）。换算关系如下：

$$1H=10^3 mH; \quad 1mH=10^3 \mu H; \quad 1H=10^6 \mu H$$

（2）品质因数

品质因数也称 Q 值，是衡量电感器质量高低的重要参数。它是指电感器在某一频率的交流电压工作时，所呈现出的电感与本身直流电阻的比值，即

$$Q=\frac{2\pi f L}{R}=\frac{\omega L}{R}$$

式中，Q 为线圈的品质因数；ω 为工作角频率；R 为线圈的等效总损耗电阻；L 为线圈的电感量。

电感器的 Q 值大小，与所用导线的直流电阻、线圈骨架的介质损耗以及铁芯引起的损耗等因素有关。电感器的 Q 值越大，表明电感器的损耗越小，越接近理想的电感，当然其效率就越高，质量就越好。反之，Q 值越小，其损耗越大，效率则越低。实际上，电感器的 Q 值是无法做的很高的，一般是几十到几百。在实际应用电路中，用于谐振回路的电感器的 Q 值要求比较高，其损耗比较小，可提高工作性能。在电路中起耦合作用的电感器，其 Q 值可低一些。而在电路中起高频或低频阻流作用的电感器，对其 Q 值基本上没有要求。

(3) 直流电阻

直流电阻是绕制电感的导线所呈现的电阻。由于绕制电感的导线常用铜丝，且长度也不会很长，故电感的直流电阻往往很小，一般忽略不计。

(4) 分布电容

由于电感是由导线绕制而成的，这样匝与匝之间具有一定的电容，线圈与地之间也有一定的电容，称之为分布电容。分布电容的存在使线圈的 Q 值减少，稳定性变差，因而线圈的分布电容越小越好。减小分布电容的方法：用细导线绕制线圈，减小线圈骨架的直径，采用间绕法或蜂房式绕法。

(5) 额定电流

电感线圈在正常工作时，允许通过的最大电流称为额定电流，也称为线圈的标称电流值。当工作电流大于额定电流时，线圈就会发热，甚至被烧坏。因此在使用时，电感器的实际工作电流必须小于额定电流。

(6) 稳定性

稳定性是表示电感线圈参数随环境条件变化而变化的程度。通常，用电感温度系数 α_L 来评定线圈的稳定程度，它表示电感量相对温度的稳定性，可用下式进行计算：

$$\alpha_L = (L_2 - L_1)/L_1(t_2 - t_1)$$

式中，α_L 为电感温度系数，1/℃；L_1 为在室温 t_1 下测得的电感量，H；L_2 为正负极限温度 t_2 下测得的电感量，H。

4.1.4 电感线圈使用注意事项

(1) 选用电感线圈的注意事项

注 意 ⚠

平时我们在选用电感器时，应注意根据具体的应用电路选择合适的电感线圈。

在确定类型之后再进行参数的具体选择，选用电感器的电感量必须与电路要求的一致，额定电流选大一些对电路的影响不大，选用的电感器的工作频率要适合电路。

对于高频电路宜选用高频铁氧体磁芯电感器或空心电感器，对于低频电路一般宜选用硅钢片铁芯或铁氧体磁芯电感器。

（2）代换电感线圈的注意事项

注 意 ⚠

小型固定电感器与色码电感器、色环电感器之间，只要电感量、额定电流相同，外形尺寸相近，可以直接代换使用。

电视机中的行振荡线圈，应尽可能选用同型号、同规格的产品，否则会影响其安装及电路的工作状态。

半导体收音机中的振荡线圈，虽然型号不同，但只要其电感量、品质因数及频率范围相同，也可以相互代换。

偏转线圈一般与显像管及行、场扫描电路配套使用。但是只要其规格、性能参数相近，即使型号不同，也可以相互代换。

4.2 怎样选用电感线圈

4.2.1 电感线圈的选用原则

电感线圈的种类多，结构和形状各异，选用电感器时，首先应根据电路的要求选用相应性能的电感线圈；其次，在确定电感器的类型后，还应考虑电感量、额定电流、品质因数等性能参数及外形尺寸是否符合要求。

在更换线圈时，应注意保持原线圈的电感量，切勿随意改变其线圈形状、大小和线圈间距离；两线圈同时使用时，应避免相互耦合的影响，一般相互靠近电感线圈的轴线应互相垂直，必要时可在电感线圈上加装屏蔽罩。

4.2.2 电感线圈在几种电路中的作用

电感线圈在电路中应用的主要作用有分频、滤波、谐振和磁偏转。

(1) 电感器在分频电路中的应用

电感器可以用来区分高低频信号。收音机中高频阻流圈的应用示例如图 4-6 所示。由于高频阻流圈 L 对高频电流感抗很大而对音频电流感抗很小，因此，晶体管 VT 集电极输出的高频信号只能通过 C 进入检波电路。检波后的音频信号再经晶体管 VT 放大后才可以通过 L 到达耳机。

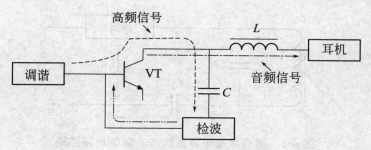

图 4-6　电感线圈在收音机中的分频电路

(2) 电感器在滤波电路中的应用

图 4-7 所示为电感器同于整流电源滤波，L 与 C_1、C_2 组成型

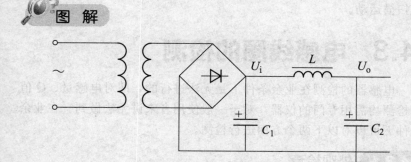

图 4-7　电感线圈在整流滤波电路中的应用

LC 滤波器。由于 L 具有通直流阻交流的功能，因此，整流二极管输出的脉动直流电压 U_i 中的直流成分可以通过 L，而交流成分绝大部分不能通过 L，被 C_1、C_2 旁路到地，输出电压 U_o 便是较纯净的直流电压了。

（3）收音机高放级电路

可变电感器 L 与电容器 C_1 组成调频回路，调节 L 即可改变谐振频率，起到选台的作用，如图 4-8 所示，作用为收音机高放级电路。

 图 解

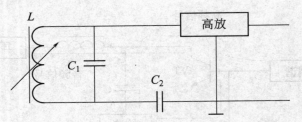

图 4-8　电感器与电容器组成的谐振选频回路

（4）磁偏转

电磁线圈还可以用于磁偏转电路，例如，在显像管偏转线圈电路中，偏转电流通过偏转线圈产生偏转磁场，使电子束随之偏转完成扫描运动。

4.3　电感线圈的检测

电感器的检测在业余条件下是无法进行的，即对电感量、Q 值的检测均需用专门的仪器，对于一般使用者来讲无法做到。在业余条件下可以对以下两个方面进行检测。

4.3.1　外观检查

从电感器外观看是否破损或松动、变位的现象，引脚是否牢靠，并查看电感器的外表上是否有电感量的标称值。还可进一步检查磁心旋转是否灵活，有无滑扣等。

4.3.2 万用表检测

(1) 电感器阻值的检测

 操 作

将万用表置于 R×1 挡，用两表笔分别碰接电感器的引脚。

① 当被测的电感器电阻值为 0 时，说明电感内部短路，不能使用；

② 如果测得电感器电阻值有一定阻值，说明正常。

③ 当测得的阻值为时，说明电感器的引脚与线圈接点处发生了断路，此时不能使用。

电感器的电阻值与所用漆包线的粗细、圈数多少有关。电阻值是否正常可通过相同型号的正常值进行比较。

(2) 电感器绝缘情况的检测

绝缘情况的检测是指线圈与铁芯之间的绝缘电阻的大小，其阻值应为无穷大。否则，说明线圈与铁芯、线圈与金属屏蔽罩之间的绝缘不良。

(3) 对磁芯的检查

对于有微调磁芯的电感器，可对磁芯的转动是否灵活进行检查。方法是：用无感螺钉旋具对磁芯进行调正，看其是否能正常的转动，如无法调正表明磁芯有断裂损坏。

(4) 电感器的 Q 值的测量

电感器的 Q 值需要用专门的仪器才能准确测出，并且测量方法比较复杂。在实际工作中，除特殊需要外，一般不进行这种测试。但根据以下的一些规律，也可以定性鉴别电感器 Q 值的大小。

① 一般来说，在电感器的电感量相同的情况下，直流电阻小的电感器的 Q 值要比直流电阻大的高一些。

② 绕制电感线圈的导线越粗（直径越大），其 Q 值越高。

③ 装有磁芯的电感线圈的 Q 值比无磁芯的要高，并且磁芯损耗越小，Q 值越高。

④ 对于多股导线绕制的电感线圈，所用导线的股数越多，Q 值越高。

⑤ 采用蜂房式绕法的电感线圈的 Q 值比采用平绕或乱绕法的要高。这是因为蜂房式绕法可有效地减小分布电容，分布电容越小，Q 值越高。

⑥ 电感线圈离金属制件越近，其 Q 值降低得越显著。

⑦ 不带屏蔽罩的电感线圈的 Q 值比带屏蔽罩的要高。

小　结

电感器是储存磁能的元件，通常简称为电感，其文字符号为"L"，是常用的基本电子元件之一，可分为固定电感器、可变电感器和微变电感器三大类。电感器的主要参数是电感量和其额定电流。电感器的基本单位是亨利，简称亨，用字母"H"表示，常用单位有毫亨（mH）和微亨（μH）。

电感器的特点是通直流阻交流。

电感器对交流电流所呈现的阻力称之为感抗，交流电流的频率越高，感抗越大。

电感器的主要作用是分频、滤波、谐振和磁偏转。

电感器的好坏可以用万用表进行初步检测，即检测电感器是否有断路、短路、绝缘不良等情况。

第**5**章

Chapter **5**

变 压 器

变压器是由铁芯和绕在绝缘骨架上的铜线圈线构成的。变压器利用电磁感应原理从它的一个绕组向另一个绕组传输电能量。变压器和电阻器、电容器及电感一样，是组成电子设备不可缺少的元件之一，应用非常广泛。

5.1 变压器的基本知识

变压器（Transformer）是利用电磁感应的原理来改变交流电压的装置，主要构件是初级线圈、次级线圈和铁心（磁芯）。在电器设备和无线电路中，变压器常用作升降电压、匹配阻抗，安全隔离等。在发电机中，不管是线圈运动通过磁场或磁场运动通过固定线圈，均能在线圈中感应电势，此两种情况，磁通的值均不变，但与线圈相交链的磁通数量却有变动，这是互感应的原理。变压器就是一种利用电磁互感应，变换电压，电流和阻抗的器件。变压器的主要功能有：电压变换、电流变换、阻抗变换、隔离、稳压（磁饱和变压器）等。按用途可以分为：配电变压器、电力变压器、全密封变压器、组合式变压器、干式变压器、油浸式变压器、单相变压器、电炉变压器、整流变压器等。

5.1.1 变压器的分类

根据电压器的工作相数分，可分为单相变压器（用于单相负荷和三相变压器组）和三相变压器（用于三相系统的升、降电压）。而更详细的，变压器可以根据其工作频率、用途及铁芯形状等进行分类。

（1）根据工作频率分类

变压器按照工作频率可以分为高频变压器、中频变压器和低频变压器。

1）高频变压器

高频变压器通常是指工作于射频范围的变压器。收音机里面所用的振荡线圈、高频放大器的负载回路和天线线圈等都是高频变压器。因为这些线圈用在高频电路中，所以电感量可以很小。

高频变压器也是作为开关电源的最主要的组成部分。开关电源中的拓扑结构有很多。比如半桥式功率转换电路，工作时两个开关三极管轮流导通来产生 100kHz 的高频脉冲波，然后通过高频变压器进行变压，输出交流电，高频变压器各个绕组线圈的匝数比例则决定了输出电压的多少。典型的半桥式变压电路中最为显眼的是三只高频变压器：主变压器、驱动变压器和辅助变压器（待机变压器），每种变压器在国家规定中都有各自的衡量标准，比如主变压器，只要是 200W 以上的电源，其磁芯直径（高度）就不得小于 35mm。而辅助变压器，在电源功率不超过 300W 时其磁芯直径达到 16mm 就够了。

高频变压器主要用于高频开关电源中作高频开关电源变压器，也有用于高频逆变电源和高频逆变焊机中作高频逆变电源变压器的。按工作频率高低，可分为几个档次：10～50kHz、50～100kHz、100～500kHz、500kHz～1MHz、1MHz 以上。

2）中频变压器

中频变压器简称中周，是超外差式收音机的特有元件。在天线信号和本机振荡信号混频后的中频信号经中频变压器进一步选取信号，然后由下一级进行放大。整个结构装在金属屏蔽罩中，下有引出脚，上有调节孔。初级线圈和次级线圈都绕在磁芯上，磁帽罩在磁芯外面。磁帽上有螺纹，能在尼龙支架上旋转。调节磁帽和磁芯的间隙可以改变线圈电感量。

中频变压器一般与电容搭配，组成调谐回路。中频变压器分成单调谐和双调谐两种。只有初级线圈和电容组成一个调谐回路的叫单调谐中频变压器，如果调谐回路之间用电容或电感耦合的叫双调谐中频变压器。

收音机中的中频变压器大多是单调谐式，结构较简单，占用空间较小。由于晶体管的输入、输出阻抗低，为了使中频变压器能与晶体管的输入、输出阻抗匹配，初级有抽头，且具有圈数很少的次级耦合线圈。双调谐式的优点是选择性较好且通频带较宽，多用在高性能收音机中。晶体管收音机中通常采用两级中频放大器，所以需用三只中周进行前后级信号的耦合与传送。实际电路中的中周常用 BZ1、BZ2、BZ3 符号表示。在使用中不能随意调换它们在电路中的位置。

3）低频变压器

低频变压器用来传送信号电压和信号功率，还可实现电路之间的阻抗匹配，对直流电具有隔离作用。它分为级间耦合变压器、输入变压器和输出变压器。

① 级间耦合变压器　级间耦合变压器用在两级音频放大电路之间，作为耦合元件，将前级放大电路的输出信号传送至后一级，并作适当的阻抗变换。

② 输入变压器　在早期的半导体收音机中，音频推动级和功率放大级之间使用的变压器为输入变压器，起信号耦合、传输作用，也称为推动变压器。

输入变压器有单端输入式和推挽输入式。若推动电路为单端电路，则输入变压器也为单端输入式变压器；若推动电路为推挽电路，则输入变压器也为推挽输入式变压器。

③ 输出变压器　输出变压器接在功率放大器的输出电路和扬声器之间，主要起信号传输和阻抗匹配的作用。

输出变压器也分为单端输出变压器和推挽输出变压器两种。

（2）根据用途分类

变压器按用途可分为电源变压器（包括电力变压器）、音频变压器、脉冲变压器、恒压变压器、耦合变压器、自耦变压器、升压变压器、隔离变压器、输入变压器、输出变压器等多种。

音频推动级和功率放大级之间使用的变压器通常称为输入变压器，它主要起信号耦合、传输的作用，也称推动变压器，主要应用在早期的半导体收音机中。输入变压器有单端输入式和推挽输入时式。若推动电路为单端电路，则输入变压器也为单端输入是变压器；若推动电路为推挽电路，则输入变压器也为推挽输入式变压器。

输出变压器通常接在功率放大器的输出电路和扬声器之间，主要起信号传输和阻抗匹配的作用。输出变压器和推挽输出变压器两种。

(3) 根据铁芯（磁芯）形状分类

按铁芯（磁芯）形状可分为"EI"形变压器（或"E"形变压器）、"C"形变压器和环形变压器。常用铁芯（磁芯）形状实物图如图 5-1 所示。

(a) "EI"　　　　(b) 环形铁芯　　　　(c) "C"　　　　(d) "E"
形铁芯　　　　　　　　　　　　　　形磁芯　　　　　形铁芯

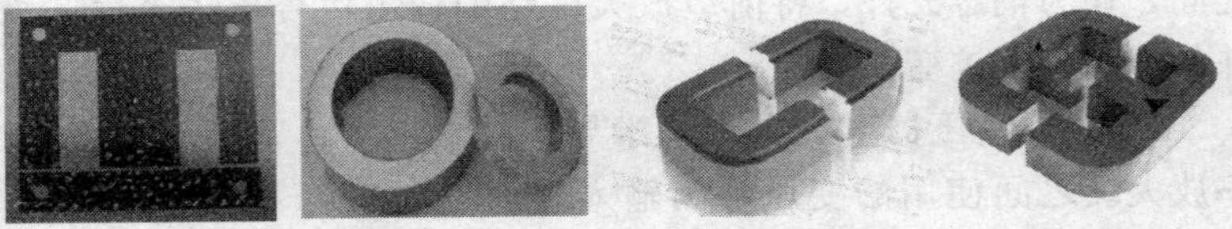

图 5-1　常用铁芯（磁芯）形状实物图

5.1.2 变压器的型号和命名方法

变压器的种类很多，根据变压器工作频率的不同，可分为低频变压器、中频变压器、高频变压器和脉冲变压器。其中低频变压器包括电源变压器，低频放大器输入、输出变压器、扩音机的线间变压器、捐合变压器等；中频变压器包括收音机、电视机中频变压器以及检测仪器用中频变压器等；高频变压器的使用场合也很多，如收音机中的磁性天线、电视机中应用的天线阻抗匹配器等；脉冲变压器主要用于脉冲电路中，如电视机中的行输出变压器就是一种脉冲变压器。根据线圈之间吸合材料的不同，变压器又可分为空心变压器、磁芯变压器及铁芯变压器等。变压器的型号是根据变压器的用途来命名的，常见的变压器命名方法如下。

(1) 低频变压器的型号命名

低频变压器的型号命名由下列三部分组成，如图 5-2 所示。

图 解

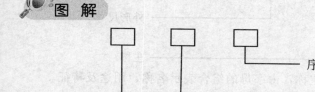

图 5-2　变压器型号命名结构图

第一部分：主称，用字母表示。

表 5-1 列出了低频变压器型号主称字母及其代表的意义。

表 5-1　低频变压器型号主称字母及意义

主称字母	代表意义
DB	电源变压器
CB	音频输出变压器
BB	音频输入变压器
GB	高压变压器
HB	灯丝变压器
SB 或 ZB	音频(定阻式)输送变压器
SB 或 EB	音频(定压式或自耦式)输送变压器

第二部分：功率，用数字表示，单位是 W。

第三部分：序号，用数字表示，用来区别不同的产品。

(2) 调幅收音机中频变压器的型号命名

调幅收音机中频变压器型号命名由下列三部分组成：

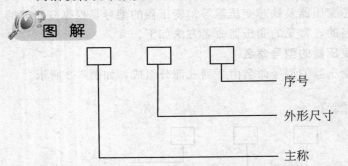

图　解

序号

外形尺寸

主称

第一部分：主称，由字母的组合表示名称、用途及特征。

第二部分：外形尺寸，用数字表示。

第三部分：序号，用数字表示，代表级数。1 表示第一级中频变压器，2 表示第二级中频变压器，3 表示第三级中频变压器。

表 5-2 列出了调幅收音机中频变压器主称代号及外形尺寸数字代号的意义。

表 5-2　调幅收音机中频变压器主称代号
及外形尺寸数字代号

主称代号		外形尺寸代号	
字母	名称、用途、特征	数字	代表尺寸/mm
T	中频变压器	1	7×7×12
L	线圈或振荡线圈	2	10×10×14
T	磁芯式	3	12×12×16
F	调频收音机用		
S	短波用		

(3) 电视机中频变压器的命名

电视机中频变压器由下列四部分组成：

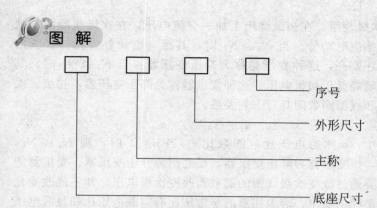

图 解

```
┌──┐    ┌──┐    ┌──┐    ┌──┐
└──┘    └──┘    └──┘    └──┘
                          └────── 序号
                    └──────────── 外形尺寸
              └────────────────── 主称
    └──────────────────────────── 底座尺寸
```

第一部分：底座尺寸，用数字表示，例如 10 表示 10mm × 10mm。

第二部分：主称，用字母表示名称及用途，其主称代号及意义如表 5-3 所示。

表 5-3   电视机中频变压器主称代号及意义

主称字母	代表意义	主称字母	代表意义
T	中频变压器	V	图像回路
L	线圈	S	伴音回路

第三部分：结构，用数字表示，2 为磁帽调节式，3 为螺杆调节式。

第四部分：序号，用数字表示。

5.1.3 变压器的主要参数

对不同类型的变压器都有相应的参数要求，电源变压器的主要参数有电压比、频率特性、额定电压、额定功率、空载电流、空载损耗、绝缘电阻和防潮性能等；一般低频音频变压器的主要参数有变压比、频率特性、非线性失真、磁屏蔽和静电屏蔽、效率等。

(1) 变压比

设变压器两组线圈圈数分别为 N_1 和 N_2，N_1 为初级绕组，

N_2 为次级绕组。在初级绕组上加一交流电压，在次级线圈两端就会产生感应电动势。当 $N_1 > N_2$ 时，其感应电动势要比初级所加的电压还要高，这种变压器称为升压变压器；当 $N_1 < N_2$ 时，其感应电动势低于初级电压，这种变压器称为降压变压器，初级、次级电压和线圈圈数间具有下列关系：

$$u_1/u_2 = N_1/N_2 = n$$

式中，n 称为电压比（圈数比）。当 $n < 1$ 时，则 $N_1 < N_2$，$u_1 < u_2$，该变压器为降压变压器，反之则为升压变压器。变压器能根据需要通过改变次级线圈的圈数而改变次级电压，却不能改变允许负载消耗的功率。需要注意的是电压比有空载电压比和负载电压比的区别。

(2) 效率

在额定功率时，变压器的输出功率和输入功率的比值，叫做变压器的效率，即

$$\eta = P_2/P_1 \times 100\%$$

式中，η 为变压器的效率，P_1 为输入功率，P_2 为输出功率。当变压器的输出功率 P_2 等于输入功率 P_1 时，效率 η 等于1，此时变压器将不产生任何损耗。实际上，这种变压器是不存在的，变压器输出电能时总要产生损耗，这种损耗主要有铜损及铁损。

铜损是指变压器线圈电阻所引起的损耗，当电流通过线圈电阻发热时，一部分电能就转变为热能而损耗掉了，由于线圈一般都由带绝缘层的铜线（漆包线）缠绕而成，因此称为铜损。

铁损包括两方面：一是磁滞损耗，当交流电流通过变压器时，通过变压器硅钢片磁感线的方向和大小随之变化，使得硅钢片内部分子相互摩擦，放出热能，从而损耗了一部分电能，这就是磁滞损耗；二是涡流损耗，当变压器工作时，铁芯中有磁感线穿过，在与磁感线垂直的平面上就会产生感应电流，由于此电流自成闭合回路形成环流，且成漩涡状，故称为涡流，涡流的存在也会使铁芯发热，消耗能量，这种损耗称为涡流损耗。

变压器的效率与变压器的功率等级有密切关系，通常功率越大，

损耗就越小，效率也就越高；反之，功率越小，效率也就越低。

（3）频率特性

频率特性是指变压器有一定的工作频率范围，不同工作频率范围的变压器，一般不能互换使用。如不能用低频变压器代替高频变压器。当变压器在其频率范围以外工作时，会出现工作时温度升高或不能正常工作等现象。

（4）额定电压

额定电压是指在变压器的初级线圈上所允许施加的电压，正常工作时变压器初级绕组上施加的电压不得大于规定值。

（5）额定功率

额定功率这一参数一般用于电源变压器。它是指电源变压器在规定的工作频率和电压下，变压器长时间工作而不超过限定温升的最大输出功率。单位为 V·A（伏安），一般不用 W（瓦特）表示，因为在额定功率中会有部分无功功率。变压器的额定功率与铁芯截面积、漆包线直径等有关。变压器的铁芯截面积大、漆包线直径粗，其输出功率也大。

其他变压器由于工作电压低、电流小，通常不考虑变压器的额定功率。

（6）空载电流

当变压器次级绕组开路时，初级线圈中仍有一定的电流，这个电流称为空载电流。空载电流由磁化电流（产生磁通）和铁损电流（由铁芯损耗引起）组成。对于 50Hz 电源变压器而言，空载电流基本上等于磁化电流。

5.1.4 怎样判别变压器的质量

（1）空载电流的测定

变压器的空载电流是指初级接额定电压，次级完全空载测得的初级电流。这个电流与进线电压的乘积则为空载损耗，也就是指变压器的铁芯损耗。它是铁芯在交流磁场中涡流损耗和磁滞损耗之和。因而，变压器的空载电流越小，表明铁芯的质量越好，且安培匝数设计非常合理。这种情况下，一般认为空载电流相似于铁损耗，空载电流的大小，也就反映铁损的大小。小于 10W 的变压器空载电流约 7～15mA；100W 的变压器，空载电流约 30～60mA 之间，都认为正常。铁损较大的变压器，发热量必然大，如果是因安培匝数设计不合理，其空载电流大增，结果造成温升增大，其寿命也不会长。一般环形变压器的空载电流应低于普通插片式变压器的空载电流。

(2) 铜损的测定

变压器的铜损是指初、次级导线的直流电阻造成的损耗。因此测定铜损只需将变压器加上额定电流即可测出 I^2R。测试方法如下：首先将变压器的次级线圈两端直接短接（有几组要短路几组），再将变压器初级串入交流电流表，再与 0～250V 的交流调压器相接，并接入市电。调节调压器由 0V 调整至使电流表读数为变压器的额定电流（如 200V·A 的变压器，额定电流为 0.9A），用万用表测出此时变压器初级的电压，将此电压乘上变压器的额定电流既为"铜损"（测量铜损时间要短，不然会损坏变压器）。由于次级的短路，变压器初级上的电压必然很低。这样，铁芯的磁通量极小，铁损也极小，可以忽略。故测出的 I^2R 是很精确的。在这项测试中损耗越小，漆包线的电阻值也越小，这种变压器的负载率也必然大。

在正常情况下，铁损和铜损之和对 500W 的变压器应小于45W。随着变压器的容量减小，其损耗相应增大，因为小型变压器的铜损是大于铁损的。变压器的开路损耗加上短路损耗越小，则变压器的质量越好，工作时温升也越低，并且有很好的负载率。这样在很短时间内，就能知道变压器的性能好坏。

5.1.5 变压器使用注意事项

（1）防止变压器过载运行

如果长期过载运行，会引起线圈发热，使绝缘逐渐老化，造成匝间短路、相间短路或对地短路及油的分解。

（2）保证绝缘油质量

变压器绝缘油在储存、运输或运行维护中，若油质量差或杂质、水分过多，会降低绝缘强度。当绝缘强度降低到一定值时，变压器就会短路而引起电火花、电弧或出现危险温度。因此，运行中变压器应定期化验油质，不合格的油应及时更换。

（3）防止变压器铁芯绝缘老化损坏

铁芯绝缘老化或夹紧螺栓套管损坏，会使铁芯产生很大的涡流，引起铁芯长期发热造成绝缘老化。

（4）防止检修不慎破坏绝缘

变压器检修吊芯时，应注意保护线圈或绝缘套管，如果发现有擦破损伤，应及时处理。

（5）保证导线接触良好

线圈内部接头接触不良，线圈之间的连接点、引至高、低压侧套管的接点、以及分接开关上各支点接触不良，会产生局部过热，破坏绝缘，发生短路或断路。此时所产生的高温电弧会使绝缘油分解，产生大量气体。当压力超过瓦斯断电器保护定值而不跳闸时，会发生爆炸。

（6）防止电击

电力变压器的电源一般通过架空线而来，而架空线很容易遭受雷击，变压器会因击穿绝缘而烧毁。

（7）短路保护要可靠

变压器线圈或负载发生短路，变压器将承受相当大的短路电流，如果保护系统失灵或保护定值过大，就有可能烧毁变压器。为此，必须安装可靠的短路保护装置。

（8）保持良好的接地

对于采用保护接零的低压系统，变压器低压侧中性点要直接接地，当三相负载不平衡时，零线上会出现电流。当这一电流过大而接触电阻又较大时，接地点就会出现高温，引燃周围的可燃物质。

（9）防止超温

变压器运行时应监视温度的变化。如果变压器线圈导线是 A 级绝缘，其绝缘体以纸和棉纱为主，温度的高低对绝缘和使用寿命的影响很大，温度每升高8℃，绝缘寿命要减少50%左右。变压器在正常温度（90℃）下运行，寿命约20年；若温度升至105℃，则寿命为7年，温度升至120℃，寿命仅为两年。所以变压器运行时，一定要保持良好的通风和冷却，必要时可采取强制通风，以达到降低变压器温升的目的。

5.2 怎样选用变压器

5.2.1 电源变压器的选用

① 选用电源变压器时，要与负载电路相匹配，电源变压器应留有功率余量（其输出功率应略大于负载电路的最大功率），输出电压应与负载电路供电部分的交流输入电压相同。

② 一定要选用绝缘性能好的变压器。变压器绝缘性能的好坏是用变压器的绝缘电阻来衡量的。变压器的绝缘电阻主要包括各绕组之间的绝缘电阻、各绕组与屏蔽层之间的绝缘电阻。如果电源变压器绝缘电阻与要求相差较大，应拒绝使用。一般情况下，绝缘电阻应低于450MΩ，高压变压器的绝缘电阻应大于1000MΩ。

③ 电源变压器的一次电源电压要与电源电压一致。一般电源变压器的一次电压为220V，也有110V和380V的，选用时一定要注意。电源变压器的二次电压应根据电路的需要去选取。

④ 开关电源变压器在彩色电视机、VCD、DVD上使用，与一般电源变压器相比，具有频谱宽（从直流到高次谐波）、工作在方波脉冲状态、磁芯采用铁氧体材料和功率小的特点，选用时应注意这些特征。

⑤ 一般电源电路，可选用"E"型铁芯电源变压器。若要高保真音频功率放大器的电源电路，则应选用"C"型变压器或环型变压器。

⑥ 电子设备使用的电源变压器，一般应加静电屏蔽层，以防

止交流市电中的各种高频信号和干扰信号通过电源变压器窜入到电子设备中。

⑦ 选用变压器时，应先检查外观质量，查看变压器表面是否破损，外层绝缘介质是否正常，是否进行过浸漆处理。若电源变压器没有进行过浸漆处理，其绝缘性能必然不佳；若电源变压器外层介质颜色不正常，则有可能是线包过热造成。像这样的变压器不应选用。

⑧ 选用功率大的电源变压器时，应选用口字形铁芯变压器，它的绝缘性能好，易于散热，同时磁路也短。

⑨ 对于铁芯材料、输出功率、输出电压相同的电源变压器，通常可以直接互换使用。

5.2.2 中周变压器的选用

① 中频变压器的谐振频带不同，选用时一定要注意型号。

如调幅收音机的中频变压器可选用 TTF-1-1 型、TTF-1-2 型、TTF-1-3 型等。调频收音机的中频变压器可选用 TP-10 型、TP-12 型、TP14 型、TP15 型等。

② 在选用中频变压器时应注意配套使用，如收音机的单调谐中频变压器一套为 3 只，每只的特性都不一样，选用时不能随意调换。

③ 电视机用中频变压器可选用 10K 或 10A 型。

5.2.3 输入、输出变压器的选用

① 输入变压器主要用于收音机、录音机和音频设备的低放级和功放之间，作用是级与级之间的阻抗匹配和相位变换。输出变压器用于收音机、录音机和音响设备的功率放大级的末级和负载之间得到最佳阻抗匹配。

由于输入、输出变压器的外形相同，大多体积相同，必须分辨清楚后才能使用。如果变压器上的标志脱落，直观很难辨别清楚，此时可以根据其线圈的直流组织来区分。一般来说，输入变压器两

绕组直流阻值较大，一次绕组多为数百欧，二次绕组在数欧以下。

② 选用输入、输出变压器时，也应选用绝缘性能好的变压器。

5.3 变压器的检测方法

5.3.1 中周变压器的检测

（1）检测各绕组的通断情况

将万用表转换开关拨至 R×1 挡，按照中周变压器的各绕组引脚排列规律，逐一检查各绕组的通断情况，以判断其是否正常。

（2）检测绝缘性能

 操 作

用万用表 R×10k 挡，做如下三种状态测试。

① 初级绕组与次级绕组之间的电阻值；

② 初级绕组与外壳之间的电阻值；

③ 次级绕组与外壳之间的电阻值。

（3）检测结论

上述测试结果分别出现的三种情况可以得出如下结论。

① 阻值为无穷大：变压器正常；

② 阻值为零：有短路性故障；

③ 阻值小于无穷大，但大于零：有漏电性故障。

5.3.2 电源变压器的检测

（1）检测绕组的通断

 操 作

用万用表 R×1 挡分别测量电源变压器的初级、次级绕组的电阻值。通常，降压变压器初级绕组的电阻值应为几十欧姆至几百欧姆，二次绕组的电阻值为几欧姆至几十欧姆（输出电压较高的二次绕组，其电阻值也大一些）。

若测得某绕组的电阻值为无穷大，则说明该绕组已开路损坏；若测得某绕组的电阻值为 0，则说明该绕组已短路损坏。

（2）检测输出电压

将电源变压器一次侧的两接头接入 220V 交流电压，测量其二次侧输出的交流电压是否与标称值相符（允许误差范围为 ≤ ±5%）。若测得输出电压低于或高于标称值许多，则应检测是否二次绕组有匝间短路或与一次绕组之间局部短路（有短路故障的电源变压器，工作温度会偏高）。

（3）检测标称电压

对无标签的电源变压器，应测出其额定电压后方可使用。检测时，可从初级绕组引出头的端部用卡尺或千分尺测出漆包线线径，根据表 5-4 查出该线径的载流量 A。再根据经验公式（即 $C = 15 \times A$）选出电容器 C 的电容量，将该电容器 C（应是耐压值为 400V 的无极性电容）串入电源变压器的一次绕组回路中，接入 220V 交流电压。再测量电源变压器一次绕组两侧的电压，该电压即是电源变压器的额定工作电压。

（4）检测绝缘性能

电源变压器的绝缘性能可用万用表的 R×10k 挡或兆欧表（摇表）来测量。

电源变压器在正常时，其初级绕组与次级绕组之间、铁芯与各绕组之间的电阻值均为无穷大。若测出两绕组之间或铁芯与绕组之间的电阻值小于 10MΩ，则说明该电源变压器的绝缘性能不良。

电源变压器的检测方法也适用于行推动变压器和开关变压器。

表 5-4　相关的载流量速查表

Q 油基性漆包线 的外径 /mm	QZ-2 高强度漆 包线的外径 /mm	载流量(电流 密度 2.5A /mm)
0.065	0.065	0.005
0.075	0.09	0.007
0.085	0.10	0.010
0.095	0.11	0.013
0.105	0.12	0.016
0.12	0.13	0.020
0.13	0.14	0.024
0.14	0.15	0.030
0.15	0.16	0.033
0.16	0.17	0.039
0.17	0.19	0.044
0.18	0.20	0.050
0.19	0.21	0.057
0.20	0.22	0.064
0.21	0.23	0.071
0.225	0.24	0.079
0.235	0.25	0.087
0.255	0.28	0.105
0.275	0.30	0.122
0.31	0.32	0.143
0.33	0.34	0.165
0.35	0.36	0.187
0.37	0.38	0.212
0.39	0.41	0.242
0.42	0.44	0.284
0.45	0.47	0.325
0.49	0.50	0.375
0.52	0.53	0.433

Q 油基性漆包线 的外径 /mm	QZ-2 高强度漆 包线的外径 /mm	载流量(电流 密度 2.5A/mm)
0.54	0.55	0.47
0.56	0.58	0.50
0.58	0.60	0.55
0.60	0.62	0.60
0.62	0.64	0.637
0.64	0.66	0.682
0.67	0.69	0.753
0.69	0.72	0.80
0.72	0.75	0.883
0.74	0.77	0.935
0.78	0.80	1.05
0.86	0.89	1.26
0.96	0.99	1.59
1.12	1.15	2.12
1.28	1.31	2.90
1.47	1.51	3.85
1.71	1.73	5.14

(5) 检测空载电流

① 直接测量法。

 操 作

将次级所有绕组全部开路,把万用表置于交流电流挡（500mA，串入初级绕组）。当初级绕组的插头插入 220V 交流市电时,万用表所指示的便是空载电流值。此值不应大于变压器满载电流的 10%～20%。一般常见电子设备电源变压器的正常空载电流应在 100mA 左右。如果超出太多,则说明变压器有短路性故障。

② 间接测量法。

 操 作

在变压器的初级绕组中串联一个 10/5W 的电阻，次级仍全部空载。把万用表拨至交流电压挡。加电后，用两表笔测出电阻 R 两端的电压降 U，然后用欧姆定律算出空载电流 $I_空$，即：

$$I_空 = U/R$$

第 **6** 章
Chapter **6**

继 电 器

继电器是具有隔离功能的自动开关元件，利用电磁原理、机电原理使触点闭合或断开来控制相关电路的，在电路中起着自动调节、安全保护、转换电路等作用。继电器具有动作快、工作稳定、使用寿命长、体积小等优点，广泛应用于遥控、遥测、通信、自动控制、机电一体化及电力电子设备中，是最主要的控制元件之一。

6.1 继电器的基本知识

继电器是一种电控制器件。它具有控制系统（又称输入回路）和被控制系统（又称输出回路）之间的互动关系。它实际上是用低电压、小电流去控制高电压、大电流运作的一种"自动开关"。继电器是具有隔离功能的自动开关元件，利用电磁原理、机电原理使触点闭合或断开来控制相关电路的，在电路中起着自动调节、安全保护、转换电路等作用。继电器具有动作快、工作稳定、使用寿命长、体积小等优点，广泛应用于遥控、遥测、通信、自动控制、机电一体化及电力电子设备中，是最重要的控制元件之一。

当输入量（如电压、电流、温度等）达到规定值时，继电器被所控制的输出电路导通或断开。输入量可分为电气量（如电流、电压、频率、功率等）及非电气量（如温度、压力、速度等）两大类。

继电器在电路中用字母"K"来表示，其电路图形符号如图6-1所示。

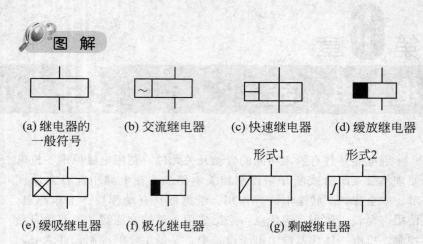

(a) 继电器的　　(b) 交流继电器　　(c) 快速继电器　　(d) 缓放继电器
　　一般符号

形式1　　　形式2

(e) 缓吸继电器　　(f) 极化继电器　　　(g) 剩磁继电器

图 6-1　继电器的电路符号

几种常见的继电器的实物图，如图 6-2 所示。

图 6-2　部分继电器实物图片

6.1.1 继电器的分类

继电器的种类多种多样，分类方法各异，下面我们按照作用原理及结构特征、触点负载、外形尺寸、防护特征和有无触点进行如下分类。

（1）继电器按照作用原理及结构特征分类

① 电磁继电器　利用输入电路内电路在电磁铁铁芯与衔铁间产生的吸力作用而工作的一种电气继电器。

② 固体继电器　指电子元件履行其功能而无机械运动构件的，输入和输出隔离的一种继电器。

③ 温度继电器　当外界温度达到给定值时而动作的继电器。

④ 舌簧继电器　利用密封在管内，具有触电簧片和衔铁磁路双重作用的舌簧动作来开、闭或转换线路的继电器

⑤ 时间继电器　当加上或除去输入信号时，输出部分需延时或限时到规定时间才闭合或断开其被控线路继电器。

⑥ 高频继电器　用于切换高频，射频线路而具有最小损耗的继电器。

⑦ 极化继电器　有极化磁场与控制电流通过控制线圈所产生的磁场综合作用而动作的继电器。继电器的动作方向取决于控制线圈中流过的电流方向。

⑧ 其他类型的继电器　如光继电器、声继电器、热继电器、仪表式继电器、霍尔效应继电器、差动继电器等。

（2）继电器按照触点负载分类

可分为微功率继电器、弱功率继电器、中功率继电器和大功率继电器。

（3）继电器按照外形尺寸分类

可分为微型继电器、超小型继电器和小型继电器。

（4）继电器按照防护特征分类

可分为敞开式继电器、封闭式继电器、非气密式继电器和气密式继电器。

(5) 继电器按照动作原理分类

可分为电磁型、感应型、整流型、电子型、数字型等。

(6) 按照反应的物理量分类

可分为电流继电器、电压继电器、功率方向继电器、阻抗继电器、频率继电器、气体（瓦斯）继电器。

6.1.2 继电器的型号和命名方法

继电器的型号一般由主称代号、外形符号、短划线、序号和防护特征符号等几部分组成。

按照电子工业标准 SJ151-80《电子设备用继电器型号命名方法》，继电器的命名和标志一般由基本型号斜线后的规格序号、失效率等级代号等组成，具体规定参照表 6-1。

注 意

① 继电器更改后，更改符号（A、B、C、…）加在第五部分（防护特征符号）之后。

② 最长边尺寸大于 50mm 的继电器无第二部分（外形符号），敞开式继电器无第五部分（防护特征符号）。

③ 交直流两用的继电器及采用二极管对线圈进行瞬态抑制或反向极性保护的直流电磁继电器均按直流电磁继电器类编制型号命名。

④ 如某一继电器同时具有密封、封闭和敞开等几种型式时，除第五部分（防护特征符号）不同外，其他部分则完全相同。

⑤ 混合式继电器的基本型号为被组合的电磁继电器基本型号中的外形符号之后加标字母 H。

6.1.3 继电器的主要参数

继电器的主要参数指标有额定工作电压、直流电阻、接触电阻、吸合电流、释放电流、触点切换电压和电流等。

(1) 额定工作电压

额定工作电压是指继电器在正常工作时线圈所需要的电压值。

表 6-1 电子系统电磁电器、混合式继电器和固态电器的命名和标志

序号	名称	基本型号					斜线	规格序号	失效率等级代号
		第一部分 主称	第二部分 外形符号	第三部分 短划线	第四部分 序号	第五部分 防护特征			
1	电磁继电器 直流 微功率 弱功率 中功率 大功率 交流	JW(微继) JR(继弱) JZ(继中) JQ(继强) JL(继流)	W(微型) C(超小型)	—		M(密封) F(封闭)	/		
2	电磁保持继电器	JM(继脉)							
3	混合式继电器	见相关说明	X(小型)						
4	固态继电器	JG(继固)							
5	恒温继电器	JU(继温)							
6									

继电器的种类多种多样，型号也有所不同，可以是直流电压，也可以是交流电压。

（2）直流电阻

直流电阻是指继电器中线圈的直流电阻值，可以用三用电表对其进行测量。

（3）接触电阻

接触电阻是指继电器中接点接触后的电阻值，可以通过万用表对其进行测量。对于许多继电器来说，接触电阻无穷大或不稳定等因素是影响继电器正常工作的最大问题。

（4）吸合电流

吸合电流是指继电器能够产生吸合动作的最小电流。正常使用继电器时，继电器的工作电流必须略微大于吸合电流，这样继电器才能够安全稳定地工作。但是，对于线圈所加的工作电压，一般情况下不能够超过工作电压的 1.5 倍，否则，会因为电流较大而把线圈烧坏。

（5）释放电流

释放电流是指继电器产生释放动作的最大电流。当继电器在吸合状态的电流减小到一定程度时，继电器就会恢复到未通电的释放状态。此时，电流远远地小于吸合电流。

（6）触点切换电压和电流

触点切换电压和电流是指继电器允许加载的电压和电流。这两个值决定了继电器能够控制的电压和电流的大小，使用时的工作电压电流值不能超过这个值，否则，极易损坏继电器的触点。

6.1.4 常用继电器及其工作原理

（1）电磁继电器

电磁继电器一般由铁芯、线圈、衔铁、触点簧片等组成的。只要在线圈两端加上一定的电压，线圈中就会流过一定的电流，从而产生电磁效应，衔铁就会在电磁力吸引的作用下克服返回弹簧的拉力吸向铁芯，从而带动衔铁的动触点与静触点（常开触点）吸合。

当线圈断电后，电磁的吸力也随之消失，衔铁就会在弹簧的反作用力返回原来的位置，使动触点与原来的静触点（常闭触点）释放。这样吸合、释放，从而达到了在电路中的导通、切断的目的。对于继电器的"常开、常闭"触点，可以这样来区分：继电器线圈未通电时处于断开状态的静触点，称为"常开触点"；处于接通状态的静触点称为"常闭触点"。继电器一般有低压控制电路和高压工作电路两种电路。

（2）固态继电器

固态继电器是一种两个接线端为输入端，另两个接线端为输出端的四端器件，中间采用隔离器件实现输入输出的电隔离。

固态继电器按负载电源类型可分为交流型和直流型。按开关型式可分为常开型和常闭型。按隔离型式可分为混合型、变压器隔离型和光电隔离型，以光电隔离型为最多。

（3）热敏干簧继电器

热敏干簧继电器是一种利用热敏磁性材料检测和控制温度的新型热敏开关。它由感温磁环、恒磁环、干簧管、导热安装片、塑料衬底及其他一些附件组成。热敏干簧继电器不用线圈励磁，而由恒磁环产生的磁力驱动开关动作。恒磁环能否向干簧管提供磁力是由感温磁环的温控特性决定的。

（4）磁簧继电器

磁簧继电器是以线圈产生磁场将磁簧管作动之继电器，为一种线圈传感装置。因此磁簧继电器之特征、小型尺寸、轻量、反应速度快、短跳动时间等特性。

当整块铁磁金属或者其他导磁物质与之靠近的时候，发生动作，开通或者闭合电路。由永久磁铁和干簧管组成。永久磁铁、干簧管固定在一个不导磁也不带有磁性的支架上。以永久磁铁的南北极的连线为轴线，这个轴线应该与干簧管的轴线重合或者基本重合。由远及近的调整永久磁铁与干簧管之间的距离，当干簧管刚好发生动作（对于常开的干簧管，变为闭合；对于常闭的干簧管，变为断开）时，将磁铁的位置固定下来。这时，当有整块导磁材料，例如铁板同时靠近磁铁和干簧管时，干簧管会再次发生动作，恢复到没有磁场作用时的状态；当该铁板离开时，干簧管即发生相反方向的动作。磁簧继电器结构坚固，触点为密封状态，耐用性高，可以作为机械设备的位置限制开关，也可以用以探测铁制门、窗等是否在指定位置。

(5) 光继电器

光继电器为AC/DC并用的半导体继电器，指发光器件和受光器件一体化的器件。输入侧和输出侧电气性绝缘，但信号可以通过光信号传输。

其特点为寿命为半永久性、微小电流驱动信号、高阻抗绝缘耐压、超小型、光传输、无接点等。主要应用于量测设备、通信设备、保全设备、医疗设备等。

(6) 时间继电器

时间继电器是一种利用电磁原理或机械原理实现延时控制的控制电器。它的种类很多，有空气阻尼型、电动型和电子型等。

在交流电路中常采用空气阻尼型时间继电器，它是利用空气通过小孔节流的原理来获得延时动作的。它由电磁系统、延时机构和触点三部分组成。

时间继电器可分为通电延时型和断电延时型两种类型。

空气阻尼型时间继电器的延时范围大（有0.4～60s和0.4～180s两种），它结构简单，但准确度较低。

当线圈通电（电压规格有AC380V、AC220V或DC220V、DC24V等）时，衔铁及托板被铁芯吸引而瞬时下移，使瞬时动作触点接通或断开。但是活塞杆和杠杆不能同时跟着衔铁一起下落，因为活塞杆的上端连着气室中的橡皮膜，当活塞杆在释放弹簧的作用下开始向下运动时，橡皮膜随之向下凹，上面空气室的空气变得稀薄而使活塞杆受到阻尼作用而缓慢下降。经过一定时间，活塞杆下降到一定位置，便通过杠杆推动延时触点动作，使动断触点断开，动合触点闭合。从线圈通电到延时触点完成动作，这段时间就是继电器的延时时间。延时时间的长短可以用螺钉调节空气室进气孔的大小来改变。

　　吸引线圈断电后，继电器依靠恢复弹簧的作用而复原。空气经出气孔被迅速排出。

6.1.5 继电器使用注意事项

(1) 继电器线圈的使用电压

　　继电器在使用时，工作电压最好应该根据其额定电压来选择。继电器线圈的工作电压是指加在线圈引出端之间的电压，特别是用放大电路来激励线圈务必保证线圈两个引出端间的电压值。因为继电器线圈的使用电压若小于其额定工作电压将会影响继电器的正常工作，而继电器线圈的使用电压若是超过最高额定工作电压也会相应的影响产品的性能，过高的工作电压往往会使线圈的温度升高过多，尤其是在高温的条件下，温升过高会损坏继电器的绝缘材料，继而影响到的安全工作。

(2) 继电器线圈反峰电压的瞬态抑制

　　继电器在断电的瞬间，线圈上可以产生高于线圈额定工作电压值 30 倍以上的反峰电压，极大地危害到电子线路的安全。通常情况下，我们会采用并联瞬态抑制（又称为削峰）二极管或者电阻的方法加以抑制，大大削减反峰电压的值，使其不超过 50V，但是这种方法会延长继电器的释放时间。当对继电器的释放时间要求比较高的场合，可以采取在二极管的一端串接电阻的方法来进行对反峰电压的瞬态抑制。

(3) 触点负载

　　加在触点上的负载应符合触点的额定负载和性质，否则，不按照负载的大小（或范围）和性质施加负载往往容易出现问题。比如说，只适合直流负载的产品不适用于交流场合；能切换单向交流电源的继电器不一定适合切换两个不同步的单相交流负载；只规定切换交流 50Hz（或 60Hz）的产品不应用来切换 400Hz 的交流负载；能可靠切换 10A 负载的继电器，在低电平负载（小于 10mA×6A）或干电路下不一定能可靠工作。

（4）继电器的串联和并联

不同线圈的电阻和功耗的继电器不要串联供电使用，否则串联回路中线圈电流大的继电器不能够可靠工作。只有同规格型号的继电器才可以串联供电，但是串联后反峰电压会有所提高，应加以抑制，可以按分压比串联电阻来承受供电电压高出继电器的线圈额定电压的那部分电压。

多个继电器并联供电时，反峰电压高（即电感大）的继电器会向反峰电压低的继电器放电，其释放时间会延长，因此最好每个继电器分别加以控制后再并联才能消除相互影响。

（5）触点的串联和并联

触点并联使用时不能提高其负载电流，因为继电器多组触点动作的绝对不同时性，即仍然是一组触点在切换提高后的负载，很容易使触点损坏而不接触或熔焊而不能断开。

触点串联能够提高其负载电压，提高的倍数即为串联触点的组数。触点串联对"粘"失误可以提高其可靠性，但对"断"失误则相反。

触点并联对"断"失误可以降低失效率，但对"粘"失误则相反。由于触点失误以"断"失误为主要的失效模式，故并联对提高可靠性应予肯定，可使用设备的关键部位。但使用电压不要高于线圈最大工作电压，也不要低于额定电压的90%，否则会危及线圈寿命和使用可靠性。

总的来说，利用冗余技术来提高触点工作可靠性时，务必注意负载性质、大小及失效模式。

（6）继电器使用安全

① 在使用过程中，不能触摸通电中的继电器的各个端子。

② 继电器的负荷不能超出继电器触点的额定值。

③ 避免分解或从高处落下继电器。

④ 避免在有爆炸性气体环境中使用继电器。

⑤ 根据开关条件的不同，继电器的寿命长短相差会有很大的区别。

6.2 怎样选用继电器

众所周知，现在市面上的继电器的形式多种多样，用途各不相同，不同特性参数的继电器必须要选用不同类型的继电器。因此，我们在选用时必须对继电器的各项特性参数有充分的了解，这样才能保证选用电路的继电器的正确使用，进而保证被控制电路得到可靠稳定的保证。具体的继电器选用方法如下：

首先，继电器的选用有 3 条必要的条件：

① 了解主控电路的电源电压是多少，以及其能够提供的最大电流的值；

② 了解被控电路中的电压和电流；

③ 了解被控电路共需要几组以及何种形式的触点。

通常，我们在选用继电器时，一般控制电路的电源电压可以作为继电器选用的依据；控制电路要能够保证给继电器提供足够的工作电流，否则，继电器吸合是不稳定的。

其次，在我们进行相关资料查阅并且确定选用的继电器满足上述条件之后，找出其型号和规格号。若手头已有继电器，可依据资料核对是否可以利用。最后考虑尺寸是否合适。

最后，我们要考虑所选用的继电器的尺寸是否合适。若是用于一般用电器，除考虑机箱容积外，小型继电器主要考虑电路板安装布局。对于小型电器，如玩具、遥控装置则应选用超小型继电器产品。在下面的章节，我们将一一举例讲述具体继电器的选用方法。

6.2.1 电磁继电器的选用

电磁继电器属于簧片触点式继电器，简称 MER。电磁继电器是最常用的继电器之一，它是利用电磁吸引力推动触点动作的，一般由线圈、铁芯、带触点的簧片、衔铁等组成。当电磁继电器线圈两端加上工作电压时，线圈中将有电流流过，电磁效应将使铁芯被磁化，将衔铁吸住。衔铁向下运动时，推动动触点与静触点接通，实现了对被控电路的控制。

选用电磁继电器时，应根据电路的要求注意以下几点。

（1）选择合适的工作电压和工作电流

选用电磁继电器时，首先应根据电路的要求选择继电器线圈的额定电压是交流还是直流的。对于电磁继电器的额定电压值、额定电流值在使用时要给予满足，若驱动电压、电流小于继电器的额定电压、电流值，则不能保证继电器的正常工作；若驱动电压、电流大于继电器的额定电压、电流值，则可能使继电器的线圈烧毁。继电器的额定工作电压一般应小于或者等于其控制电路的工作电压。

（2）选择合适的触点类型及触点负载

根据继电器所需控制的电路数目来决定继电器的触点组的数目。同一型号的继电器通常有多种触点的形式可供选用，例如，单组触点、双组触点、多组触点及常开式触点、常闭式触点等。此时，应选用合适应用电路的触点类型。

触点负载主要指触点所能承受的电压、电流的数值。如果电路中的电压、电流超过触点所能够承受的电压、电流，在触点断开时会产生火花，这将会缩短触点的寿命，甚至烧毁触点。所以，所选继电器的触点负载应高于触点所控制电路的最高电压和最大电流，否则会烧毁继电器触点。

（3）选择合适的体积

继电器体积的大小通常与继电器触点负荷的大小有关，选用多大体积的继电器，还应根据应用电路的要求而定。

（4）线圈规格

线圈的选择与继电器的吸合电流、释放电流和工作电流的数值有关。一般继电器的工作电流是吸合电流的约 1.5～1.8 倍，但又必须小于继电器线圈的额定电流。

6.2.2 干簧继电器的选用

干簧继电器也是最常用的继电器之一，它由干簧管和线圈组成。

干簧管是将两根互不相通的铁磁性金属条密封在玻璃管内而成，干簧管置于线圈中。当工作电流通过线圈时，线圈产生的磁场使干簧管中的金属条被磁化，两金属条因极性相反而吸合，接通被控电路。

（1）选择干簧继电器的触点形式

干簧继电器的触点有常开型、常闭型和转换型。应根据应用电路的具体要求选择合适的触点形式。

（2）选择干簧管触点的电压形式及电流容量

根据应用电路的受控电源来选择选择干簧管触点两端的电压与电流，确定它的触点电压是交流电压还是直流电压以及电压值和触点电流，触点电流是指触点闭合时，所允许通过触点的最大电流。

6.2.3 固态继电器的选用

固态继电器的英文缩写为 SSR，是一种新型的电子继电器。固态继电器采用电子电路实现继电器的功能，依靠光电耦合器来实现控制电路与被控电路之间的隔离。

① 根据被控制电路的电源类型来确定控制电路的电源电压范围，以及其能够提供的最大电流的值，以保证电路以及固态继电器的正常工作。如果被控制电路的电源为交流电压，则我们应该选用交流固态继电器（AC-SSR）。若被控制电路的电源类型为直流，那么我们应该选用直流固态继电器（DC-SSR），此时，还应该根据实际应用的电路的具体结构来选择使用有源式交流固态继电器还是选用无源式交流固态继电器。

② 了解被控制电路中的电源电压和电流，并以此为依据来选择固态继电器的输出电压和输出电流，这一过程通常被称为选择固态继电器的带负载的能力。一般来说，固态继电器的输出功率应大于被控制电路功率的 1 倍以上。直流固态继电器的输出电压和输出电流分别为 4～55V 和 0.5～10A；而交流固态继电器的输出电压为 AC20～380，输出电流为 1～10A。

6.3　继电器的检测方法

6.3.1　测触点电阻法

继电器检测可以采用测触点电阻法，将规定的工作电压加在继电器线圈的两端，用万用表 R×1 挡来检测触点的通断情况。未加电压时，动断接点导通，动合接点不通。在线圈两端加上规定的工作电压时，动断接点不通，动合接点导通，此时应该能听到继电器的吸合声，转换接点应随之转换。

即使继电器能够吸合，也不能证明继电器是正常的，只有在吸合后开关能够成功导通的情况下才可以判定。此时，用万用表 R×1 挡测触点开关两端的电阻，如果阻值为 0Ω，说明继电器正常；若开关阻值为∞，说明开关并没有真正的接通，可能是触点间产生了缝隙，也可能触点锈蚀；若开关阻值大于 0Ω，说明开关存在一定的接触电阻，可能是触点接触不良或者生锈引起的。

6.3.2　测线圈电阻法

电磁式可以用万用表来检测线圈的阻值。将万用表置于 R×1 挡，将两表笔接触继电器线圈的两只引脚，万用表指示值应与该继电器线圈电阻值大体一致。若阻值为 0Ω，说明线圈的两个引脚间发生了短路；若阻值为∞，说明线圈发生断路或者引脚脱焊；若阻值明显小于实际值，说明线圈局部短路。

常用的 JZC-21F 型超小型直流电磁式继电器的主要参数如表 6-2 所示，以供大家在实际测量时使用。

6.3.3　测吸合电压和吸合电流法

(1) 测吸合电压法

继电器的额定工作电压一般为吸合电压的 1.3～1.5 倍，测继电器的吸合电压时的操作是：将可调式直流稳压电源（电压 0～

表 6-2　JZC-21F 型直流电磁式继电器的主要参数

规格代号	额定电压 (DC) /V	线圈电阻 值 /Ω (±10%)	吸合电压 /V	释放电压 /V	接点负荷
003	3	25	2.25	0.36	
005	5	70	2.75	0.6	
006	6	100	4.5	0.72	直流 28V(3A) 或交流 120V(3A)、 220(1.5A)
009	9	225	6.75	1.08	
012	12	400	9	1.44	
024	24	1600	18	2.88	
048	48	6400	36	5.76	

35V、电流 2A）加在被测继电器线圈的两端，调节直流稳压电源的电压，从低压缓慢调至高压，若听到继电器触点的吸合声，则此时的电压值就可被近似认为是继电器的吸合电压。

(2) 测吸合电流法

继电器的额定工作电流一般为吸合电流的 2 倍，将万用表的毫安表串接在被测继电器电磁线圈的一端，然后接入 25～30V 的直流稳压电源的正极，另一端串接一只 10kΩ 的线绕电位器后与直流稳压电源的负极相连，接通电源，将电位器的阻值从最大值开始逐渐减小，若听到继电器的动作声，则此时的电流值就可以被近似认为是继电器的吸合电流。

6.3.4　测释放电压和释放电流法

(1) 测释放电压法

继电器的释放电压一般为吸合电压的 10%～15%，测量继电器的释放电压的方法与继电器的吸合电压过程相反，测继电器的释放电压时，将可调式直流稳压电源（电压 0～35V、电流 2A）加在被测继电器线圈的两端，调节直流稳压电源的电压，从低压缓慢调至高压，若听到继电器触点的吸合声，则开始调节直流稳压电源，将电磁线圈两端的电压逐渐降低，当调节至某一点时继电器的触点释放，当听到动作声时，此时的电压表的读数就可以近似被认为是继电器的释放电压。

(2) 测释放电流法

　　将万用表的毫安表串接在被测继电器电磁线圈的一端，然后接入 25～30V 的直流稳压电源的正极，另一端串接一只 10kΩ 的线绕电位器后与直流稳压电源的负极相连，接通电源，将电位器的阻值从最大值开始逐渐减小，当听到继电器的动作声后，则开始缓慢增大电位器的阻值，继电器触点若由吸合状态改为释放状态，则此时的电流表读数就可以近似被认为是继电器的释放电流。具体测试电路如图 6-3 所示。

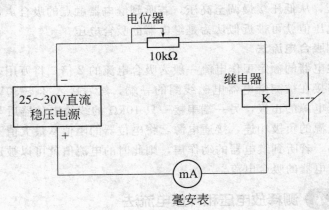

图 6-3　继电器电流测试电路

6.4　继电器参数选择

(1) 继电器的选择——继电器额定工作电压的选择

　　继电器额定工作电压是继电器最主要的一项技术参数。在使用继电器时，应该首先考虑所在电路（即继电器线圈所在的电路）的工作电压，继电器的额定工作电压应等于所在电路的工作电压。一般所在电路的工作电压是继电器额定工作电压的 0.86。

注 意 ⚠

所在电路的工作电压千万不能超过继电器额定工作电压，否则继电器线圈会烧毁。

另外，有些集成电路，例如 NE555 电路是可以直接驱动继电器工作的，而有些集成电路，例如 COMS 电路输出电流小，需要加一级晶体管放大电路方可驱动继电器，这就应考虑晶体管输出电流应大于继电器的额定工作电流。

（2）继电器的选择——触点负载的选择

触点负载是指触点的承受能力。继电器的触点在转换时可承受一定的电压和电流。所以在使用继电器时，应考虑加在触点上的电压和通过触点的电流不能超过该继电器的触点负载能力。例如，有一继电器的触点负载为 28V（DC）10A，表明该继电器触点只能工作在直流电压为 28V 的电路上，触点电流为 10A，超过 28V 或 10A，会影响继电器正常使用，甚至烧毁触点。

（3）继电器的选择——继电器线圈电源的选择

这是指继电器线圈使用的是直流电（DC）还是交流电（AC）。通常，初学者在进行电子制作活动中，都是采用电子线路，而电子线路往往采用直流电源供电，所以必须是采用线圈是直流电压的继电器。按使用环境选型

使用环境条件主要指温度（最大与最小）、湿度（一般指 40℃下的最大相对湿度）、低气压（使用高度 1000m 以下可不考虑）、振动和冲击。此外，还有封装方式、安装方法、外形尺寸及绝缘性等要求。由于材料和结构不同，继电器承受的环境力学条件各异，超过产品标准规定的环境力学条件下使用，有可能损坏继电器，可按整机的环境力学条件或高一级的条件选用。

对电磁干扰或射频干扰比较敏感的装置周围，最好不要选用交流电激励的继电器。选用直流继电器要选用带线圈瞬态抑制电路的

产品。那些用固态器件或电路提供激励及对尖峰信号比较敏感的地方，也要选择有瞬态抑制电路的产品。

(4) 按输入信号不同确定继电器种类

按输入信号是电、温度、时间、光信号确定选用电磁、温度、时间、光电继电器，这是没有问题的。这里特别说明电压、电流继电器的选用。若整机供给继电器线圈是恒定的电流应选用电流继电器，是恒定电压值则选用电压继电器。

(5) 输入参量的选定

与用户密切相关的输入量是线圈工作电压（或电流），而吸合电压（或电流）则是继电器制造厂控制继电器灵敏度并对其进行判断、考核的参数。对用户来讲，它只是一个工作下极限参数值。控制安全系数是工作电压（电流）/吸合电压（电流），如果在吸合值下使用继电器，是不可靠的、不安全的，环境温度升高或处于振动、冲击条件下，将使继电器工作不可靠。整机设计时，不能以空载电压作为继电器工作电压依据，而应将线圈接入作为负载来计算实际电压，特别是电源内阻大时更是如此。当用三极管作为开关元件控制线圈通断时，三极管必须处于开关状态，对 6VDC 以下工作电压的继电器来讲，还应扣除三极管饱和压降。当然，并非工作值加得愈高愈好，超过额定工作值太高会增加衔铁的冲击磨损，增加触点回跳次数，缩短电气寿命，一般工作值为吸合值的 1.5 倍，工作值的误差一般为±10%。

(6) 根据负载情况选择继电器触点的种类和容量

国内外长期实践证明，约 70% 的故障发生在触点上，这足见正确选择和使用继电器触点非常重要。

触点组合形式和触点组数应根据被控回路实际情况确定。动合触点组和转换触点组中的动合触点对，由于接通时触点回跳次数少和触点烧蚀后补偿量大，其负载能力和接触可靠性较动断触点组和转换触点组中的动断触点对要高，整机线路可通过对触点位置适当调整，尽量多用动合触点。

根据负载容量大小和负载性质（阻性、感性、容性、灯载及马达负载）确定参数十分重要。认为触点切换负荷小一定比切换负荷大可靠是不正确的，一般来说，继电器切换负荷在额定电压下，电流大于100mA、小于额定电流的75％最好。电流小于100mA会使触点积碳增加，可靠性下降，故100mA称作试验电流，是国内外专业标准对继电器生产厂工艺条件和水平的考核内容。由于一般继电器不具备低电平切换能力，用于切换50mV、$50\mu A$以下负荷的继电器订货，用户需注明，必要时应请继电器生产厂协助选型。

继电器的触点额定负载与寿命是指在额定电压、电流下，负载为阻性的动作次数，当超出额定电压时，可参照触点负载曲线选用。

(7) 动作时间问题

① 低压电器关于继电器、断路器、接触器的动作响应时间，先进水平<20ms；

② 如果动作响应时间>20ms，或过慢，在多个继电器顺序切换中就会出现逻辑顺序紊乱的情况；

③ 特别是公用同一个动触点的常闭、常开分别断开一个电路、接通另一个电路的时候，常常出现一个电路还没来得及完全断开另一个电路已经闭合；

④ 如果上述两个电路同时闭合时，电路会出现严重短路事故。

⑤ 碰到这种情况时，一定要注意各继电器、接触器、断路器间的顺序连锁；

⑥ 各继电器、接触器、断路器间的顺序连锁，可以有效地排除由于继电器时间响应慢而造成的事故。

6.5 继电器常见问题

(1) 继电器不断开

① 负载电流大于 SSR 的额定切换电流，这样会使继电器永久短路，此时应使用额定电流较大的 SSR。

② 在继电器所处的环境温度下，对于所承受的电流来说如散热不良，会损坏输出半导体器件，此时应使用较大的或更有效的散热片。

③ 线电压瞬变引起 SSR 输出部分穿通，此时应使用额定电压较高的 SSR 或提供额外的瞬态保护电路。

④ 使用的线电压高于 SSR 的额定电压。

(2) 切断输入后 SSR 才断开

在 SSR 应该断开的时候，测量输入电压，如果测得的电压低于必须释放电压，表明断电器的释放电压太低，应更换继电器如果测得的电压高于 SSR 的必须释放电压，则是 SSR 输入端前面的线路有问题，必须改正。

(3) 继电器不导通

① 在继电器应该导通时，测量输入电压，如果该电压低于必须动作电压，表明 SSR 输入端前面的线路有问题；如果输入电压高于必须动作电压，查对电源极性并在必要时加以更正。

② 测量 SSR 的输入电流，如无电流，则系 SSR 开路，该继电器有故障；如果有电流，但低于继电器的动作值，是 SSR 前面的线路有问题，必须改正。

③ 检查 SSR 的输入部分，测量 SSR 输出两端的电压，如果电压低于 1V，表明继电器以外的线路或负载开路并应进行修理；如果存在线电压，则可能是负载短路，使电流过大引起继电器失效。

(4) 继电器工作不规则

① 检查所有接线是否正确、连接不牢或不正确产生的故障。

② 检查输入和输出的引线是否在一起。

③ 对于非常灵敏的 SSR，噪声也能耦合到输入端而引起不规则导通。

(5) 交流电动机或螺线管负载造成颤动

由于交变的 dv/dt 问题，SSR 可以有半周波动，此时，采用缓冲器是有帮助的。

继电器是一种常用的控制器件，其文字符号为"K"，它可以用较小的电流来控制较大的电流，用低电压来控制高电压，用直流电来控制交流电等，并且可以实现控制电路和被控电路之间的完全隔离。

继电器的主要作用是间接控制和隔离控制。

继电器主要包括电磁继电器、干簧继电器和固态继电器，此外，还有步进继电器、时间继电器和温度继电器等。

继电器的主要参数有额定工作电压、直流电阻、接触电阻、吸合电流、释放电流、触点切换电压和电流等。

电磁继电器和干簧继电器都是较为常用的继电器，其中，电磁继电器是利用电磁吸引力推动触点动作的；干簧继电器是由干簧管和线圈组成。固态继电器简称为 SSR，是一种新型的电子继电器，分为直流式和交流式两大类。

检测继电器包括对继电器触点和线圈两个方面的检测。常见的继电器检测方法包括测继电器触点电阻法、测继电器线圈电阻法、测释放电压和释放电流法和测吸合电压和吸合电流法等。

第 **7** 章

Chapter **7**

二 极 管

几乎在所有的电子电路中，都要用到半导体二极管，它在许多的电路中起着重要的作用，它是诞生最早的半导体器件之一，其应用也非常广泛。二极管最重要的特性是它的单方向导电性。在电路中，电流只能从二极管的正极流入，负极流出。

7.1 二极管的基本知识

二极管是由一个 PN 结和两条电极引线做成管芯，并用管壳封装而成的。其 P 型区的引出线称为正极（阳极），N 型区的引出线称为负极（阴极）。二极管的文字符号是 VD（或 V，旧标准中为 D）。

图 7-1 所示是二极管的结构和电气图形符号。图 7-2 是几种常见的二极管电气图形符号。图 7-3 是几种常见二极管的实物图片。

图 解

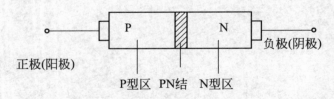

图 7-1　二极管的 PN 结与图形符号

图形符号	名称与说明
▷|	二极管的符号
▷|	发光二极管
▷|	光电二极管
▷|	稳压二极管
▷|	变容二极管

图 7-2　二极管电气图形符号

图 7-3　几种常见二极管的实物图片

下面，结合二极管的基本知识，介绍二极管的分类、选用、检测和代换。

7.1.1 二极管的分类

(1) 按照所用的半导体材料分

按照所用的半导体材料，可分为锗二极管（Ge 管）和硅二极管（Si 管）；

(2) 按照其不同用途分

按照其不同用途，可分为普通二极管、精密二极管、整流二极管、快恢复二极管、检波二极管、阻尼二极管、续流二极管、激光二极管、光敏二极管、双向击穿二极管、肖特基二极管、温度效应二极管、隧道二极管、双向发光二极管、恒流二极管、整流二极管、稳压二极管、开关二极管等。

① 整流二极管

将交流电源整流成为直流电流的二极管叫做整流二极管，它是面结合型的功率器件，因结电容大，故工作频率低。

② 检波二极管

检波二极管是用于把叠加在高频载波上的低频信号检测出来的器件，它具有较高的检波效率和良好的频率特性。

③ 开关二极管

在脉冲数字电路中，用于接通和关断电路的二极管叫开关二极管，它的特点是反向恢复时间短，能满足高频和超高频应用的需要。

④ 稳压二极管

稳压二极管（又叫齐纳二极管），是由硅材料制成的面结合型晶体二极管，它是利用 PN 结反向击穿时的电压基本上不随电流的变化而变化的特点，来达到稳压的目的，因为它能在电路中起稳压作用，故称为稳压二极管（简称稳压管）。

⑤ 变容二极管

变容二极管是利用 PN 结的电容随外加偏压而变化这一特性制成的非线性电容元件，被广泛地用于参量放大器，电子调谐及倍频器等微波电路中。

⑥ 阶跃恢复二极管

阶跃恢复二极管是一种特殊的变容管，也称作电荷储存二极管，简称阶跃管，它具有高度非线性的电抗，应用于倍频器时代独有的特点，利用其反向恢复电流的快速突变中所包含的丰富谐波，可获得高效率的高次倍频，它是微波领域中优良的倍频元件。

⑦ 发光二极管

电致发光器件，将电信号转换成光信号。正偏导通时发光通常由磷砷化镓（GaAsP）、磷化镓（GaP）制成光的波长（颜色）与材料有关发光二极管的开启电压和正向导通电压比普通二极管大，正向电压一般为 1.3～2.4V。亮度与正向电流成正比，一般需要几个毫安以上。

⑧ 光电二极管

通常由硅材料制成，管壳有接收光照的透镜窗口。正常工作在反偏状态。无光照时，只有很小的反向饱和电流，称为暗电流；有光照时，PN 结受光激发，产生大量电子空穴对，形成较大的光电流。光电二极管的电流与照度成正比，用于信号检测、光电传感器、电机转速测量等。

⑨ 快恢复二极管

快恢复二极管 FRD（Fast Recovery Diode）是近年来问世的新型半导体器件，具有开关特性好，反向恢复时间短、正向电流大、体积小、安装简便等优点。超快恢复二极管 SRD（Superfast Recovery Diode），则是在快恢复二极管基础上发展而成的，其反向恢复时间 trr 值已接近于肖特基二极管的指标。它们可广泛用于开关电源、脉宽调制器（PWM）、不间断电源（UPS）、交流电动机变频调速（VVVF）、高频加热等装置中，作高频、大电流的续流二极管或整流管，是极有发展前途的电力、电子半导体器件。

⑩ 桥式整流组件

在使用中，由于整流二极管多接成桥式整流的形式，所以有一种专供整流用桥式整流组件，它们简称"半桥"和"整桥（全桥）"。

a. 半桥：其内部由两个相互独立的二极管组成，只是极性的接法不同。

　　b. 全桥：由 4 只二极管合在一起制成。

(3) 按照管芯结构

　　按照管芯结构，可分为点接触型二极管、面接触型二极管及平面型二极管。

　　点接触型二极管，是用一根很细的金属丝压在光洁的半导体晶片表面，通以脉冲电流，使触丝一端与晶片牢固地烧结在一起，形成一个"PN 结"。由于是点接触，只允许通过较小的电流（不超过几十毫安），适用于高频小电流电路，如收音机的检波等。

　　面接触型二极管的"PN 结"面积较大，允许通过较大的电流（几安到几十安），主要用于把交流电变换成直流电的"整流"电路中。

　　平面型二极管是一种特制的硅二极管，它不仅能通过较大的电流，而且性能稳定可靠，多用于开关、脉冲及高频电路中。

7.1.2　二极管的型号和命名方法

　　二极管的型号命名规定由五个部分组成，如图 7-4 所示。其中每一部分的表示含义如表 7-1 所示。

图　解

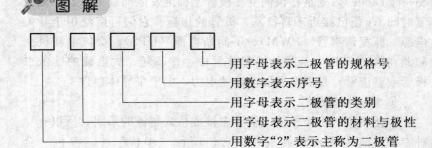

图 7-4　二极管的型号命名结构图

表 7-1　二极管每部分的表示含义

第一部分：主称		第二部分：材料与极性		第三部分：类别		第四部分：序号	第五部分：规格号
数字	含义	字母	含义	字母	含义		
2	二极管	A	N 型锗材料	P	小信号管（普通管）	用数字表示同一类别产品序号	用字母表示产品规格、档次
				W	电压调节点和电压基准点（稳压管）		
				L	整流堆		
		B	P 型锗材料	N	阻尼管		
				Z	整流管		
				U	光电管		
		C	N 型锗材料	K	开关管		
				B 或 C	变容管		
				V	混频检波管		
		D	P 型锗材料	JD	激光管		
				S	隧道管		
				CM	磁敏管		
		E	化合物材料	H	恒流管		
				Y	体效应管		
				EF	发光二极管		

7.1.3 二极管的规格和常用识别方法

二极管的识别很简单，小功率二极管的 N 极（负极），在二极管外表大多采用一种色圈标出来，有些二极管也用二极管专用符号来表示 P 极（正极）或 N 极（负极），也有采用符号标志为"P"、

"N"来确定二极管极性的。发光二极管的正负极可从引脚长短来识别，长脚为正，短脚为负。

7.1.4 二极管的主要参数

不同类型的二极管有不同的特性参数，其中主要参数有额定正向工作电流，最大浪涌电流，最高反向工作电压，最大反向电流，反向恢复时间，最高工作频率。下面进行详细介绍。

(1) 额定正向工作电流

额定正向工作电流是指二极管长期连续工作时允许通过的最大正向电流值。因为电流通过管子时会使管芯发热，温度上升，温度超过容许限度（硅管为140℃左右，锗管为90℃左右）时，就会使管芯过热而损坏。所以，二极管使用中不要超过二极管额定正向工作电流值。例如，常用的1N4001型锗二极管的额定正向工作电流为1A。

(2) 最大浪涌电流

最大浪涌电流是允许流过的过量正向电流。它不是正常电流，而是瞬时电流，这个值通常为额定正向工作电流的20倍左右。

(3) 最高反向工作电压

最高反向工作电压是指二极管工作时所允许加在两端的最高反向峰值电压，当超过峰值时，管子将会击穿，失去单向导电能力。为了保证使用安全，规定了最高反向工作电压值。例如，1N5400二极管反向耐压为50V，1N5406的反向耐压为600V。

(4) 最大反向电流

最大反向电流是指二极管在最高反向工作电压下，二极管所允许流过的反向电流。这个电流的大小反映了二极管单向导电性能的好坏，最大反向电流越小，说明二极管的单向导电性能越好。值得注意的是，反向电流与温度有着密切的关系，大约温度每升高

10℃，反向电流增大 1 倍。例如，2AP 系列锗二极管，在 25℃时，反向电流为 $150 \sim 250 \mu A$，温度升高到 35℃，反向电流上升到 $350 \sim 500 \mu A$；在 75℃时，它的反向电流已达 $5 \sim 8mA$，不仅失去了单向导电特性，还会使管子过热而损坏。硅二极管比锗二极管在高温下具有更好的稳定性。

(5) 反向恢复时间

从正向电压变成反向电压时，理想情况是电流能瞬时截止，实际上，一般要延迟一点时间。决定电流截止延时的量就是反向恢复时间，它直接影响二极管的开关速度。

(6) 结电容 C

结电容包括电容和扩散电容，在高频场合下使用时，要求结电容小于某一规定数值。

(7) 最高工作频率

最高工作频率也称截止频率。由于 PN 结极间电容的影响，当二极管用做检波时有一个上限工作频率，即二极管能正常工作的最高频率。一般应选用最高工作频率是电路实际工作频率 2 倍的二极管，否则不能正常工作。例如，2AP1～2AP8 检波二极管的最高工作频率是 150MHz；2AP11～2AP17 检波二极管的最高工作频率只有 40MHz；2AP21～2AP28 检波二极管的最高工作频率有 100MHz。

7.1.5 二极管使用注意事项

① 切勿使电压、电流超过器件手册中规定的极限值，并应根据设计原则选取一定的裕量。

② 允许使用小功率电烙铁进行焊接，焊接时间应该小于 3～5s，在焊接点接触型二极管时，要注意保证焊点与管芯之间有良好的散热。

③ 玻璃封装的二极管引线的弯曲处距离管体不能太小，一般至少 2mm。

④ 安装二极管的位置尽可能不要靠近电路中的发热元件。

7.2 怎样选用二极管

7.2.1 普通晶体二极管的选用

(1) 根据具体电路选用不同类型和型号的二极管

二极管的种类很多，同一种类的二极管又有不同类型或不同系列。在电子电路中检波，就要选用点接触型锗检波二极管，如2AP 系列，并且要注意不同型号的而机关工作频率的差异；在电路中整流，就要选用整流二极管，并且要注意整流二极管的最大整流电流，和最高反向工作电压；在选用开关管时，要根据具体的应用电路选择不同类型的开关二极管，如在收录机、电视机及其他电子产品中，常选用 2CK、2AK 系列小功率开关二极管；对于高速开关电路则应选择 MA165、MA166、MA167。

(2) 根据技术参数选用不同型号的二极管

在选好二极管类型的基础上，要选好二极管的各项主要技术参数。选用整流二极管时，主要考虑二极管的最大整流电流与最高反向电压，如 1N4001 型二极管的最大整流电流为 1A，最高反向电压为 50V；1N4007 型二极管的最大整流电流为 1A，最高反向电压为 1000V；1N5401 型二极管的最大整流电流为 3A，最高反向电压为 100V。使用时注意通过二极管的工作电流与反向电压不能超过这个数值。

在选用检波二极管主要考虑的是工作频率。如 2AP1～2AP8 型适用于 150MHz 以下的检波电路；2AP9、2AP100 型适用于 100MHz 以下的检波电路；2AP31A 型适用于 400MHz 以下的检波电路；2AP32 型适用于 2000MHz 以下的检波电路等。晶体管收音机的检波电路可选用 2AP9、2AP10 型管，它的工作频率可达 100MHz，结电容小于 1pF，适合做小信号检波。

在选用开关二极管是，开关时间很重要，这主要由反向恢复时间这个参数决定。选用时，要注意此参数的对比，选用更符合要求的开关二极管。例如，2CK9～2CK19 型开关二极管的反向回复时间小于 5ns；CAK6 型开关二极管的反向恢复时间为 150ns；1N4148、1N4448 型开关二极管的反向恢复时间为 4ns。

在选用二极管的各项主要参数时，在从有关的资料和《晶体管手册》查出满足电路要求的相应参数之后，还最好用万用表及其他仪器复测一次，是选用的二极管参数符合要求，并留有一定的余量。

(3) 根据电路的性能要求和使用条件选取晶体二极管的外形

晶体二极管的外形、大小及封装形式多种多样，外形有圆形、方形、片状、小型、超小型及大中型等；封装形式有全塑封装、金属外壳封装等。在选取时，应根据电路的性能要求和使用条件（包括电子产品的尺寸），选用晶体二极管的外形、尺寸大小和封装形式。

7.2.2 整流二极管、整流桥组件和高压硅堆的选用

(1) 整流二极管的选用

选用整流二极管时，主要应考虑其最大整流电流、最大反向工作电流、截止频率及反向恢复时间等参数。

普通串联稳压电源电路中使用的整流二极管，对截止频率和反向恢复时间要求不高，只要根据电路的要求选择最大整流电流和最大反向工作电流符合要求的整流二极管即可。例如，1N 系列、2CZ 系列、RLR 系列等。

开关稳压电源的整流电路及脉冲整流电路中使用的整流二极管，应选用工作频率较高、反向恢复时间较短的整流二极管（例如 RU 系列、EU 系列、V 系列、1SR 系列等）或选择快恢复二极管。

(2) 整流桥组件

整流桥，就是将桥式整流的四个二极管封装在一起，来实现把输入的交流电压转化为输出的直流电压。整流桥堆只引出四个引脚。四个引脚中，两个直流输出端标有"＋"或"－"，两个交流输入端有～标记，它和整流二极管的方向是有关的，实物如图 7-5。

图 7-5 25A 整流桥堆

① 如何判别整流桥的好与坏

用数字万用表的二极管挡或指针表的 100 或 1000 挡，测量时两交流输入端到整流桥输出正端的阻值，若为开路或短路说明整流桥已坏，正常值应为 400～2000Ω，还可测正端到输入端的阻值应为无穷大，否则为已坏。负端到输入端的阻值也应为 400～2000Ω 才算正常。

② 整流桥的规格

整流桥就是将整流管封在一个壳内了，一般用在全波整流电路中，它又分为全桥与半桥。全桥是将连接好的桥式整流电路的四个二极管封在一起，半桥是将两个二极管桥式整流的一半封在一起，用两个半桥可组成一个桥式整流电路，一个半桥也可以组成变压器带中心抽头的全波整流电路，选择整流桥要考虑整流电路和工作电压。全桥的正向电流有 0.5A、1A、1.5A、2A、2.5A、3A、5A、10A、20A、35A、50A 等多种规格，耐压值（最高反向电压）有 25V、50V、100V、200V、300V、400V、500V、600V、800V、1000V 等多种规格。优质的厂家有"文斯特电子"的 G 系列整流桥堆，进口品牌有 ST、IR 等。整流桥作为一种功率元器件，非常广泛。应用于各种电源设备。

③ 整流桥命名规则

一般整流桥命名中有 3 个数字，第一个数字代表额定电流，A

后两个数字代表额电压（数字 * 100）V。如：KBL410，即 4A，1000V；RS507，即 5A，1000V。（1234567 分别代表电压挡的 50V，100V，200V，400V，600V，800V，1000V）。

④ 常见的整流桥外形

常见常用的整流桥，外观有圆桥、方桥、扁桥以及小方桥等，如图 7-6 所示。

图 解

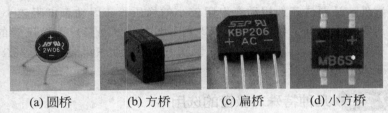

| (a) 圆桥 | (b) 方桥 | (c) 扁桥 | (d) 小方桥 |

图 7-6　常见的整流桥实物图

(3) 高压硅堆的选用

高压硅堆内部是由多只高压整流二极管（硅粒）串联组成，选用时，可先用万用表的 R×10k 挡测量其正、反向电阻值。正常的高压硅堆，其正向电阻值（黑表笔接正极时）为 4.5～6kΩ，反向电阻值为无穷大。若测得其正、反向电阻值均很小或均为无穷大，则说明被测变阻二极管已损坏。

7.2.3　稳压二极管的选用

稳压二极管一般用在稳压电源中作为基准电压源或用在过电压保护电路中作为保护二极管。选用的稳压二极管，应满足应用电路中主要参数的要求。

(1) 确定稳压值

稳压二极管的稳定电压值应与应用电路的基准电压值相同。由于稳压二极管的稳压值有离散性，即使同一家生产厂的同一型号的稳压二极管，其稳定电压值也不完全一样，因此在选用时应加以注意。对稳压值要求较高的电路可用检测稳压值的方法进行选用。

(2) 注意工作电流

选用的稳压二极管时，应注意最大工作电流。最大工作电流是不能随意增大的，必须在应用的范围内使用，否则会导致稳压二极管过热而损坏。一般稳压二极管的最大稳定电流应高于应用电路的最大负载电流 50％左右，并在稳压电路中串接一限流电阻。

(3) 选用动态电阻较小的稳压管

在选用稳压二极管时，除了要注意稳压电压、最大工作电流等参数外，还要注意选用动态电阻较小的稳压管，因动态电阻较小，稳压管性能越好。例如，2CW52（旧型号为 2CWll）型稳压管的动态电阻 $r_z \leqslant 110\Omega$；2CW54 型稳压管的动态电阻 $r_z \leqslant 30\Omega$；1N6018B 型稳压管的动态电阻 $r_z \leqslant 100\Omega$。

7.2.4 几种特殊二极管的选用

下面介绍几种常用的特殊二极管的选用方法。

(1) 开关二极管的选用

开关二极管主要应用于收录机、电视机、影碟机等家用电器及电子设备的开关电路、检波电路、高频脉冲整流电路等。

中速开关电路和检波电路，可以选用 2AK 系列普通开关二极管。高速开关电路可以选用 RLS 系列、1SS 系列、1N 系列、2CK 系列的高速开关二极管。要根据应用电路的主要参数（例如正向电流、最高反向电压、反向恢复时间等）来选择开关二极管的具体型号。

(2) 变容二极管的选用

选用变容器二极管时，应着重考虑其工作频率、最高反向工作电压、最大正向电流和零偏压结电容等参数是否符合应用电路的要求，应选用结电容变化大、高 Q 值、反向漏电流小的变容二极管。

(3) 检波二极管的选用

检波二极管一般可选用点接触型锗二极管，例如 2AP 系列等。选用时，应根据电路的具体要求来选择工作频率高、反向电流小、正向电流足够大的检波二极管。

7.3　二极管的检测方法

普通二极管的检测是根据二极管的单向导电性，通过测量二极管的正、反向电阻，可方便地判断二极管的好坏。一般将万用表拨至 R×1k 挡，用黑表笔接二极管的正极，红表笔接二极管的负极，称为正向测量，正向测量所得的阻值称为正向电阻。一般二极管的正向电阻值为几千欧，此值越小越好。将万用表的黑表笔接二极管的负极，红表笔接二极管的正极，称为反向测量，反向测量所得的阻值称为反向电阻。

对于二极管，正向测量时，若二极管导通（指针大幅度偏转），说明二极管存在故障；而反向测量时，二极管不通（指针不偏转），说明二极管良好。若正向测量或反向测量时，二极管的阻值均为 0，说明二极管已击穿。若正向测量或反向测量时，二极管的阻值均为∞，说明二极管已开路。若正向电阻和反向电阻比较接近，说明二极管失效。

对于检波二极管或小功率整流管，应将万用表拨至 R×100 挡，其正向电阻约几百欧（硅管为几千欧）；对于整流二极管，特别是大功率的整流二极管，应将万用表拨至 R×1 挡，其正向电阻约十几或几十欧；检测反向电阻时，除大功率的硅材料整流二极管以外，一般应将万用表拨至 R×1k 挡，其阻值应在几百千欧以上。

顺便指出，检测一般小功率二极管的正、反向电阻，不宜使用 R×1 挡和 R×10k 挡。这是因为前者通过二极管的正向电流较大，可能烧毁管子；后者加在二极管两端的反向电压太高，易将管子击穿。另外，二极管的正、反向电阻随检测用电表的量程（R×100 挡还是 R×1k 挡）不同而不一样，甚至相差比较悬殊，这属正常现象。

第 **8** 章

晶 体 管

晶体管（transistor）是一种固体半导体器件，可以用于检波、整流、放大、开关、稳压、信号调制和许多其他功能。晶体管作为一种可变开关，基于输入的电压，控制流出的电流，因此晶体管可作为电流的开关，和一般机械开关（如 Relay、switch）不同处在于晶体管是利用电信号来控制，而且开关速度可以非常快，切换速度可达 100GHz 以上。

8.1 晶体管的基本知识

晶体管也叫晶体三极管，顾名思义就是具有三个电极。二极管是由一个 PN 结构成的，而晶体管由两个 PN 结构成，其中，两个 PN 结共用的一个电极称为晶体管的基极（用字母 B 表示）。其他的两个电极分别称为集电极（用字母 C 表示）和发射极（用字母 E 表示）。

晶体管的电路符号如图 8-1 所示，其中带箭头的引脚表示晶体管的发射极，箭头方向表示电流的流向，同时也表示了晶体管的极性，箭头方向朝外表示为 NPN 型晶体管，箭头方向朝里表示为 PNP 型晶体管。常见晶体管实物如图 8-2 所示。

8.1.1 晶体管的分类

晶体管的种类很多，其分类方法也有多种。下面我们按照用途、频率、功率、材料等进行分类。

① 按用途可将晶体管分为高/中频晶体管、低频放大晶体管、

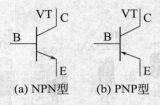

(a) NPN型   (b) PNP型

图 8-1　晶体管的电路符号

图 8-2　常见晶体管实物图

低噪声放大晶体管、光敏晶体管、开关晶体管、高反压晶体管、达林顿晶体管、带阻尼的晶体管等。

② 按工作频率可分为低频晶体管、高频晶体管和超高频晶体管。

③ 按功率可分为小功率晶体管、中功率晶体管、大功率晶体管。

④ 按材料和极性分为硅材料的 NPN 与 PNP 型晶体管、锗材料 NPN 与 PNP 型晶体管。

⑤ 按制作工艺分为平面型晶体管、合金型晶体管和扩散型晶体管。

⑥ 按外形封装的不同可分为：金属封装晶体管、玻璃封装晶体管等。

晶体管（三极管）封装图见图 8-3。

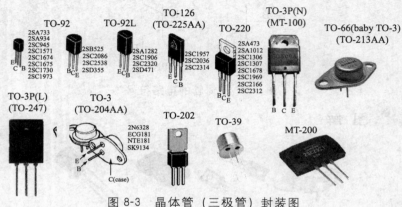

图 8-3 晶体管（三极管）封装图

8.1.2 晶体管的型号和命名方法

(1) 晶体三极管的型号命名

国产晶体三极管的型号一般由下列 5 部分组成，如图 8-4 所示。第一部分用数字 3 表示三极管，第二部分用字母表示材料和极性，第三部分用字母表示类型。第四部分用数字表示序号，第五部分用字母表示规格。

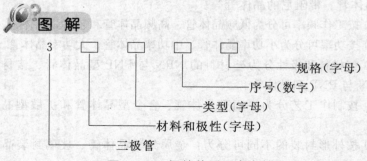

图 8-4 三极管的型号命名结构图

(2) 三极管型号的意义

晶体三极管型号的意义如表 8-1 所示。例如，3AX31 为 PNP 型锗材料低频小功率晶体三极管。

表 8-1　三极管型号的意义

第一部分	第二部分	第三部分	第四部分	第五部分
3	A：PNP 型锗材料	X：低频小功率管	序号	规格（可缺）
	B：NPN 型锗材料	G：高频小功率管		
	C：PNP 型硅材料	D：低频大功率管		
	D：NPN 型硅材料	A：高频大功率管		
	E：化合物材料	K：开关管		
		T：闸流管		
		J：结型场效应管		
		O：MOS 场效应管		
		U：光电管		

8.1.3　晶体管的主要参数

晶体管的参数可以分为直流参数、交流参数、极限参数。晶体管的参数是我们选用晶体管的主要依据，了解其参数可以避免因选用不当而造成的晶体管的损坏。

(1) 直流参数

① 集电极——基极反向电流 I_{CBO}

当发射极开路时，如果在集电极和基极间加上规定的反向电压，集电极中的漏电流就称为 I_{CBO}。此值越小表明晶体管的热稳定性越好，一般的小功率晶体管约为 $10\mu A$，硅晶体管的值更小一些。

② 集电极——发射极反向电流 I_{CEO}

I_{CEO} 也称为穿越电流。当基极开路时，如果在集电极和发射极之间加上规定的反向电压，集电极的漏电流就称为 I_{CEO}。此值越小越好，硅晶体管一般较小，约在 $1\mu A$ 以下。

（2）极限参数

① 集电极的最大允许电流 I_{CM}

当晶体管的 β 值下降到最大值的一半时，晶体管的集电极电流就称为集电极最大允许电流。实际使用时 I_C 要小于 I_{CM}。

② 集电极最大允许耗散功率 P_{CM}

当晶体管工作时，由于集电极要耗散一定的功率而使集电结发热，当温度过高时就会导致参数的变化，甚至烧毁晶体管。为此规定晶体管集电极温度升高到不至于将集电结烧毁所消耗的功率，就称为集电极最大耗散功率。

③ 集电极-发射极反向击穿电压 BU_{CEO}

当基极开路时，集电极与发射极之间允许的最大电压。在实际应用时，加到集电极与发射极之间的电压，一定要小于 BU_{CEO}，否则将损坏晶体管。

（3）电流放大倍数

① 直流放大倍数 $\bar{\beta}$

当无交流信号时，共发射极电路的集电极输出直流 I_C 与基极输入直流 I_B 之比值，即

$$\bar{\beta}=I_C/I_B$$

$\bar{\beta}$ 是衡量晶体管电流放大能力的一个重要参数，但对于同一个晶体管来说，在不同的集电极电流下有不同的 $\bar{\beta}$ 值。

② 交流放大倍数 β

这个参数是指在交流信号输入时，在共发射极电路中，集电极电流的变化量 ΔI_C 与基极电流的变化量 ΔI_B 的比值，即

$$\beta=\Delta I_C/\Delta I_B$$

以上两个参数分别表明了晶体管对直流电流的放大能力和对交流电流的放大能力。但是，由于 $\beta \approx \bar{\beta}$，因而我们在实际使用时一般不再区分。

（4）晶体管的特征频率 f_T

晶体管的特征频率 f_T 是指 $\overline{\beta}$ 值下降到 1 时的频率值。因为 $\overline{\beta}$ 值随着晶体管工作频率的升高而降低，并且工作频率越高，$\overline{\beta}$ 下降的越严重。这就是说，此时的晶体管已经失去了放大能力，即 f_T 是晶体管使用的极限频率。因此在选用晶体管时，f_T 要比电路的工作频率高出至少 3 倍以上。但 f_T 的值并不是越高越好，太高的 f_T 会引起电路的振荡。

8.1.4 晶体管使用注意事项

晶体管的种类繁多，我们在选取时要综合考虑电路的特点、晶体管在电路中发挥的作用、工作环境与周围元器件的关系等多种因素，因此，在使用中一般需要大家着重注意以下几个方面。

（1）晶体管类型的选择

晶体管的种类很多，分类方法也很多，一般按照半导体导电特性分为 NPN 型和 PNP 型两大类，按照在电路中的作用分为开关管和放大管等。因此，在选择晶体管的类型方面，我们应根据电路的实际需要选择晶体管的类型，这也就是说，晶体管在电路中的作用应与所选晶体管的功能相吻合。

（2）晶体管主要参数的选择

晶体管主要参数的选择一般就是指对特征频率 f_t、β 值（h_{FE}）、噪声和输出功率这三方面的选择。

① 特征频率 f_t　在高频放大电路、高频振荡电路中主要考虑特征频率参数 f_t。在设计制作电子电路时，对高频放大、中频放大、振荡器等电路中的晶体管，宜选用极间电容较小的晶体管，并使其特征频率 f_t 为工作频率的 3～10 倍。

② β 值的选择　对于整个电子产品的电路而言，应该从各级的配合来选择 β 值。通常，硅管 β 值选为 40～150，锗管 β 值选为 40～80。我们在选用晶体管时，一般希望 β 值选大一点，但并不是越大越好。β 值太大，容易引起自激振荡。此外，一般 β 值高的管

子工作都不如 β 值低的管子稳定，易受温度影响。

③ 噪声和输出功率　在制作低频放大器时，主要考虑晶体管的噪声和输出功率等参数。在选用时应优先考虑穿透电流 I_{CEO} 较小的管子，因为穿透电流 I_{CEO} 越小，放大器的温度稳定性越好。选用时，应该根据应用电路的具体要求来选择。

8.2　怎样选用晶体管

晶体管的品种繁多，不同的电子设备与不同的电子电路，对晶体管各项性能指标的要求是不同的。所以，应根据应用电路的具体要求来选择不同用途，不同类型的晶体管。

8.2.1　普通晶体管的选用

一般小信号处理（例如图像中放、伴音中放、缓冲放大等）电路中使用的高频晶体管，可以选用特征频率范围在 $30 \sim 300 MHz$ 的高频晶体管，例如 3DG6、3DG8、3CG21、2SA1015、2SA673、2SA733、S9011、S9012、S9014、S9015、2N5551、2N5401、BC337、BC338、BC548、BC558 等型号的小功率晶体管，可根据电路的要求选择晶体管的材料与极性，还要考虑被选晶体管的耗散功率、集电极最大电流、最大反向电压、电流放大系数等参数及外形尺寸等是否符合应用电路的要求。

8.2.2　场效应管的选用

场效应管在选用时应根据所设计电路的具体要求来选择合适的管型，所选用的管型的主要特性参数应符合应用电路的要求。

① 对低频小信号放大电路或阻抗变换电路等，选用小功率场效应管时应注意它的低频跨导 g_m、输入电阻 R_{GS}、夹断电压 U_P、开启电压 U_T 及输出阻抗 R_O 等参数；对于大功率放大电路应注意击穿电压 BU_{GS}、BU_{DS} 及耗散功率 P_{DM}、漏源极最大电流 I_{DM} 等极限参数，使用时严禁超过其极限参数。

② 和半导体三极管相似，各类场效应管在使用时，都应按要求接入偏置电路，并注意偏置电路的极性。

③ 使用场效应管。

目前，首先要弄清管子的类型及电极。对于结型场效应管可用万用表测量它们的电极；但绝缘栅型场效应管不能用万用表直接测量它们的电极，否则极易造成感应击穿。

④ 使用绝缘栅型场效应管时，应知道它的栅极处于绝缘状态，其上的感应电荷很不容易放掉，当积累到一定程度时可以产生很高的电压，极易将管子的 SiO_2 绝缘膜击穿。

8.2.3 几种特殊晶体管的选用

(1) 末级视放输出管

彩色电视机中使用的末级视放输出管，应选用特征频率高于 80MHz 的高频晶体管。21in（in＝0.0254m）以下的中小屏幕彩色电视机中使用的末级视放输出管，其耗散功率应大于或等于 750mW，最大集电极电流应大于或等于 50mA，最高反向电压应大于 200V，一般可选用 3DG182J、2SC2229、2SC3942 等型号的晶体管。25in 以上的大屏幕彩色电视机中使用的末级视放输出管，其耗散功率应大于或等于 1.5W，最大集电极电流应大于或等于 50mA，最高反向电压应大于 300V，一般可选用 3DG182N、2SC2068、2SC2611、2SC2482 等型号的晶体管。

(2) 行推动管

彩色电视机中使用的行推动管，应选用中、大功率的高频晶体管。其耗散功率应大于或等于 10W，最大集电极电流应大于 150mA，最高反向电压应大于或等于 250V。一般可选用 3DK204、2SC1569、2SC2482、2SC2655、2SC2688 等型号的三极管。

(3) 行输出管

彩色电视机中使用的行输出管属于高反压大功率晶体管，其最高反向电压应大于或等于 1200V，耗散功率应大于或等于 50W，最大集电极电流应大于或等于 3.5A（大屏幕彩色电视机行输出管的耗散功率应大于或等于 60W，最大集电极电流应大于 5A)。

21in 以下小屏幕彩色电视机的行输出管可选用 2SD869、2SD870、2SD871、2SD899A、2SD950、2SD951、2SD1426、2SD1427、2SD1556、2SD1878 等型号的晶体管。

25in 以上的大屏幕彩色电视机的行输出管可选用 2SD1433、2SD2253、2SD1432、2SD1941、2SD953、2SC3153、2SD1887 等型号的晶体管。

(4) 达林顿管

达林顿管广泛应用于音频功率输出、开关控制、电源调整、继电器驱动、高增益放大等电路中。

继电器驱动电路与高增益放大电路中使用的达林顿管，可以选用不带保护电路的中、小功率普通达林顿晶体管。而音频功率输出、电源调整等电路中使用的达林顿管，可选用大功率、大电流型普通达林顿晶体管或带保护电路的大功率达林顿晶体管。

(5) 开关三极管

小电流开关电路和驱动电路中使用的开关晶体管，其最高反向电压低于 100V，耗散功率低于 1W，最大集电极电流小于 1A，可选用 3CK3、3DK4、3DK9、3DK12 等型号的小功率开关晶体管。

大电流开关电路和驱动电路中使用的开关晶体管，其最高反向电压大等于 100V，耗散功率高于 30W，最大集电极电流大于或等于 5A，可选用 3DK200、DK55、DK56 等型号的大功率开关晶体管。

开关电源等电路中使用的开关晶体管，其耗散功率大于或等于 50W，最大集电极电流大于或等于 3A，最高反向电压高于 800V。一般可选用 2SD820、2SD850、2SD1403、2SD1431、2SD1553、2SD1541 等型号的高反压大功率开关晶体管。

(6) 音频功率放大互补对管

音频功率放大器的低放电路和功率输出电路，一般均采用互补推挽对管（通常由 1 只 NPN 型晶体管和 1 只 PNP 型晶体管组成）。选用时要求两管配对，即性能参数要一致。

低放电路中采用的中、小功率互补推挽对管，其耗散功率小于或等1W，最大集电极电流小于或等于 1.5A，最高反向电压为 50～ 300V。常见的有 2SC945/2SA733、2SC1815/2SA1015、2N5401/2N5551、S8050/S8550 等型号。选用时应根据应用电路具体要求而定。

后级功率放大电路中使用的互补推挽对管，应选用大电流、大功率、低噪声晶体管，其耗散功率为 100～200W，集电极最大电流为 10～30A，最高反向电压为 120～200V。常用的大功率互补对管有 2SC2922/2SA1216、2SC3280/2SA1301、2SC3281/2SA1302、2N3055/MJ2955 等型号。

(7) 带阻晶体管

带阻晶体管是录像机、影碟机、彩色电视机中常用的晶体管，其种类较多，但一般不能作为普通晶体管使用，只能"专管专用"。

选用带阻晶体管时，应根据电路的要求（例如输入电压的高低、开关速度、饱和深度、功耗等）及其内部电阻器的阻值搭配，来选择合适的管型。

(8) 光敏三极管

光敏三极管和其他三极管一样，不允许其电参数超过最大值（例如最高工作电压、最大集电极电流和最大允许功耗等），否则会缩短光敏三极管的使用寿命甚至烧毁三极管。

另外，所选光敏三极管的光谱响应范围必须与入射光的光谱牧场生相互匹配，以获得最佳的响应特性。

8.3 晶体管的检测方法

8.3.1 中小功率三极管的检测方法

(1) 已知型号和引脚排列的三极管，可按下述方法来判断其性能好坏

① 测量极间电阻

操　作

将万用表置于 R×100 或 R×1k 挡，按照红、黑表笔的六种不同接法进行测试。其中，发射结和集电结的正向电阻值比较低，其他四种接法测得的电阻值都很高，约为几百千欧至无穷大。但不管是低阻还是高阻，硅材料三极管的极间电阻要比锗材料三极管的极间电阻大得多。

② 三极管的穿透电流 I_{CEO}

三极管的穿透电流 I_{CEO} 的数值近似等于管子的倍数 β 和集电结的反向电流 I_{CBO} 的乘积。I_{CBO} 随着环境温度的升高而增长很快，I_{CBO} 的增加必然造成 I_{CEO} 的增大。而 I_{CEO} 的增大将直接影响管子工作的稳定性，所以在使用中应尽量选用 I_{CEO} 小的管子。

通过用万用表电阻直接测量三极管 e-c 极之间的电阻方法，可间接估计 I_{CEO} 的大小，具体方法如下。

操　作

万用表电阻的量程一般选用 R×100 或 R×1k 挡，对于 PNP管，黑表管接 e 极，红表笔接 c 极，对于 NPN 型三极管，黑表笔接 c 极，红表笔接 e 极。要求测得的电阻越大越好。e-c 间的阻值越大，说明管子的 I_{CEO} 越小；反之，所测阻值越小，说明被测管的 I_{CEO} 越大。一般说来，中、小功率硅管、锗材料低频管，其阻值应分别在几百千欧、几十千欧及十几千欧以上，如果阻值很小或测试时万用表指针来回晃动，则表明 I_{CEO} 很大，管子的性能不稳定。

③ 测量放大能力

目前有些型号的万用表具有测量三极管 hFE 的刻度线及其测试插座，可以很方便地测量三极管的放大倍数。

操　作

先将万用表功能开关拨至 ∞ 挡，量程开关拨到 ADJ 位置，把红、黑表笔短接,调整调零旋钮,使万用表指针指示为零,然后将量程开关拨到 hFE 位置,并使两短接的表笔分开,把被测三极管插入测试插座,即可从 hFE 刻度线上读出管子的放大倍数。

另外:有此型号的中、小功率三极管,生产厂家直接在其管壳顶部标示出不同色点来表明管子的放大倍数值,但要注意,各厂家所用色标并不一定完全相同。

(2) 检测判别电极

① 判定基极

用万用表 R×100 或 R×1k 挡测量三极管三个电极中每两个极之间的正、反向电阻值。当用第一根表笔接某一电极,而第二表笔先后接触另外两个电极均测得低阻值时,则第一根表笔所接的那个电极即为基极 b。这时,要注意万用表表笔的极性,如果红表笔接的是基极 b。黑表笔分别接在其他两极时,测得的阻值都较小,则可判定被测三极管为 PNP 型管;如果黑表笔接的是基极 b,红表笔分别接触其他两极时,测得的阻值较小,则被测三极管为 NPN 型管。

② 判定集电极 c 和发射极 e(以 PNP 类型晶体管为例)

将万用表置于 R×100 或 R×1k 挡,红表笔基极 b,用黑表笔分别接触另外两个引脚时,所测得的两个电阻值会是一个大一些,一个小一些。在阻值小的一次测量中,黑表笔所接引脚为集电极;在阻值较大的一次测量中,黑表笔所接引脚为发射极。

(3) 判别高频管与低频管

高频管的截止频率大于 3MHz,而低频管的截止频率则小于 3MHz,一般情况下,二者是不能互换的。

(4) 在路电压检测判断法

在实际应用中,小功率三极管多直接焊接在印刷电路板上,由于元件的安装密度大，拆卸比较麻烦，所以在检测时常常通过用万用表直流电压挡，去测量被测三极管各引脚的电压值，来推断其工作是否正常，进而判断其好坏。

8.3.2 大功率晶体管的检测方法

利用万用表检测中、小功率三极管的极性、管型及性能的各种方法，对检测大功率三极管来说基本上适用。但是，由于大功率三极管的工作电流比较大，因而其 PN 结的面积也较大。PN 结较大，其反向饱和电流也必然增大。所以，若像测量中、小功率三极管极间电阻那样，使用万用表的 R×1k 挡测量，必然测得的电阻值很小，好像极间短路一样，所以通常使用 R×10 或 R×1 挡检测大功率三极管。

小　结

晶体三极管通常简称为晶体管或三极管，其文字符号为"VT"，是一种具有两个 PN 结的半导体器件，主要分为 NPN 型和 PNP 型两大类。

晶体三极管的参数可以分为直流参数、交流参数、极限参数三大类。其中，直流参数主要包括集电极-基极反向电流 I_{CBO} 和集电极-发射极反向电流 I_{CEO}，极限参数主要包括集电极-基极反向电流 I_{CBO}、集电极-发射极反向电流 I_{CEO} 和集电极-发射极反向击穿电压 BU_{CEO}，此外，还有电流放大倍数（电流放大倍数包括直流放大倍数 $\bar{\beta}$ 和交流放大倍数 β）和晶体管的特征频率 F_T 等参数。

特殊晶体管包括末级视放输出管、行推动管、行输出管、达林顿管、开关三极管、音频功率放大互补对管、带阻晶体管和光敏三极管等。

晶体三极管的特点是具有电流放大作用，是电流控制型器件，其主要作用是放大、振荡、电子开关、可变电阻和阻抗变换等。

晶体三极管可使用万用表进行引脚识别和检测。

第**9**章

晶　闸　管

Chapter **9**

晶闸管是晶体闸流管的简称，又可称作可控硅整流器，以前被简称为可控硅；晶闸管具有硅整流器件的特性，能在高电压、大电流条件下工作，且其工作过程可以控制。晶闸管被广泛应用于可控整流、交流调压、无触点电子开关、逆变及变频等电子电路中。

9.1　晶闸管的基本知识

晶闸管（Thyristor）是晶体闸流管的简称，又可称作可控硅整流器，以前被简称为可控硅；1957 年美国通用电器公司开发出世界上第一款晶闸管产品，并于 1958 年将其商业化；晶闸管是PNPN 四层半导体结构，它有三个极：阳极，阴极和门极；晶闸管具有硅整流器件的特性，能在高电压、大电流条件下工作，且其工作过程可以控制、被广泛应用于可控整流、交流调压、无触点电子开关、逆变及变频等电子电路中。

9.1.1　晶闸管的分类

（1）按关断、导通及控制方式分类

晶闸管按其关断、导通及控制方式可分为普通晶闸管、双向晶闸管、逆导晶闸管、门极关断晶闸管（GTO）、BTG 晶闸管、温控晶闸管和光控晶闸管等多种。

（2）按引脚和极性分类

晶闸管按其引脚和极性可分为二极晶闸管、三极晶闸管和四极晶闸管。

(3) 按封装形式分类

晶闸管按其封装形式可分为金属封装晶闸管、塑封晶闸管和陶瓷封装晶闸管三种类型。

其中，金属封装晶闸管分为螺栓形、平板形、圆壳形等多种；塑封晶闸管又分为带散热片型和不带散热片型两种。

(4) 按电流容量分类

晶闸管按电流容量可分为大功率晶闸管、中功率晶闸管和小功率晶闸管三种。通常，大功率晶闸管多采用金属壳封装，而中、小功率晶闸管则多采用塑封或陶瓷封装。

(5) 按关断速度分类

晶闸管按其关断速度可分为普通晶闸管和高频（快速）晶闸管。

图 9-1 为晶闸管的外形，图 9-2 是单、双向晶闸管的图形符号。

图 解

图 9-1　晶闸管的外形图

图 解

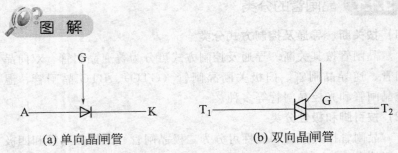

(a) 单向晶闸管　　　　　　　(b) 双向晶闸管

图 9-2　晶闸管的图形符号

9.1.2 晶闸管的主要参数

晶闸管的主要参数有额定通态平均电流 I_T、维持电流 I_H、正向转折电压 U_{BO}、断态重复峰值电压 U_{DRM}、反向重复峰值电压 U_{RRM}、门极触发电压 U_{GT}、门极触发电流 I_{GT}、反向击穿电压 U_{BR} 等。

(1) 额定通态平均电流 I_T

额定通态平均电流 I_T 是指在规定环境温度和标准散热条件下，晶闸管正常工作时，A、K（或 T_1、T_2）极之间所允许通过电流的平均值。使用时应按实际电流与通态平均电流有效值相等的原则来选取晶闸管，通态平均电流应留一定的余量，一般取 1.5～2 倍。常用的通态平均电流 I_T 有 1A、5A、10A、20A、30A、50A、100A、200A、300A、400A、500A、600A、800A、1000A14 种规格。

(2) 维持电流 I_H

维持电流 I_H 是指维持晶闸管导通的最小电流，一般为几十毫安到几百毫安，与结温有关，结温越高，则维持电流 I_H 越小。当正向电流小于维持电流 I_H 时，导通的晶闸管会自动关断。如 3CT021 型单向晶闸管的维持电流 $I_H = 0.4～20mA$，BT134～600 型双向晶闸管的维持电流 $I_H = 40mA$。

(3) 正向转折电压 U_{BO}

正向转折电压 U_{BO} 又称断态不重复峰值电压，是指在额定结温为 100℃ 且门极（G）开路的条件下，在其阳极 A 与阴极 K 之间加正弦半波正向电压，使其由关断状态转变为导通状态时所对应的峰值电压。

(4) 断态重复峰值电压 U_{DRM}

断态重复峰值电压 U_{DRM} 是指晶闸管在正向阻断时，允许加在 A、K（或 T_1、T_2）极间最大的峰值电压，此电压约为正向转折电压减去 100V 后的电压值。如 3CT031 型单向晶闸管的断态重复峰值电压 $U_{DRM} = 20V$。

(5) 反向重复峰值电压 U_{RRM}

反向重复峰值电压 U_{RRM} 是指晶闸管在门极 G 断路时，允许加在 A、K 极间的最大反向峰值电压，此电压约为反向击穿电压减去 100V 后的电压值。如 BT136-800 型双向晶闸管的反向重复峰值电压 $U_{RRM}=800V$。

(6) 门极触发电压 U_{GT}

门极触发电压 U_{GT} 是指在规定的环境温度和晶闸管阳极和阴极之间正向电压为一定值的条件下，使晶闸管从关断状态转变为导通状态所需要的最小门极直流电压，一般为 1.5V 左右。如 BT139 型双向晶闸管的门极触发电压 $U_{GT}=1.5V$，3CT031 型单向晶闸管的门极触发电压 $U_{GT} \leqslant 1.5V$。

(7) 门极触发电流 I_{GT}

门极触发电流 I_{GT} 是指在规定环境温度和晶闸管阳极与阴极之间电压为一定值的条件下，使晶闸管从关断状态为导通状态所需要的最小门极直流电路。如 3CT041 型单向晶闸管的门极触发电流 $I_{GT}=0.01 \sim 20mA$，BT139 型双向晶闸管的门极触发电流 $I_{GT}=5mA$。

(8) 反向击穿电压 U_{BR}

反向击穿电压 U_{BR} 又称反向不重复峰值电压，是指在额定结温下，晶闸管阳极与阴极之间施加正弦半波反向电压，当其反向漏电电流急剧增加时所对应的峰值电压。如 3CT012E 型单向晶闸管的反向击穿电压 $U_{BR}=300V$，BT139 型双向晶闸管的反向击穿电压 $U_{BR}=600V$。

9.1.3 晶闸管的工作原理

(1) 普通晶闸管

普通晶闸管的阳极与阴极之间具有单向导电的性能，其内部可以等效为由一只 PNP 晶体管和一只 NPN 晶体管组成的组合管，如图 9-3 所示。

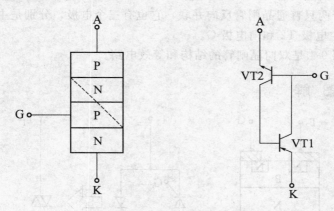

图 9-3　普通晶闸管的结构和等效电路

当晶闸管反向链接（即 A 极接电源正端）时，无论门极 G 所加电压是什么极性，晶闸管均处于阻断状态。当晶闸管正向连接（即 A 极接电源正端，K 极接电源负端）时，若门极 G 所加触发电压为负时，则晶闸管也不导通，只有其门极 G 加上适当的正向触发电压时，晶闸管才能由阻断状态转变为导通状态。此时，晶闸管阳极 A 极与阴极 K 极之间呈低阻导通状态，A、K 极之间压降约为 1V。

普通晶闸管受触发导通后，其门极 G 即使失去触发电压，只要阳极 A 和阴极 K 之间仍保持正向电压，晶闸管将维持低阻导通状态。只有把阳极 A 电压撤除或阳极 A、阴极 K 之间电压极性发生改变（如交流过零）时，普通晶闸管才有低阻导通状态转换为高阻阻断状态。普通晶闸管一旦阻断，即使其阳极 A 与阴极 K 之间又重新加上正向电压，仍需在门极 G 和阴极 K 之间重新加上正向触发电压后方可导通。

普通晶闸管的导通与阻断状态相当于开关的闭合和断开状态，用它可以制成无触点电子开关，去控制直流电源电路。

(2) 双向晶闸管

双向晶闸管（TRIAC）是由 NPNPN 五层半导体材料构成的，相当于两只普通晶闸管反向并联，它也有三个电极，分别是主电极 T1、主电极 T2 和门电极 G。

图 9-4 是双向晶闸管的结构和等效电路。

图 解

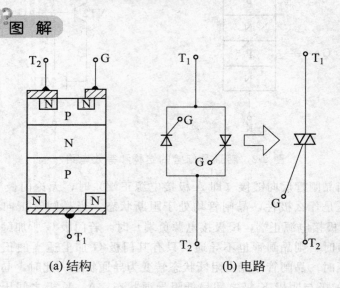

(a) 结构　　　　　　(b) 电路

图 9-4　双向晶闸管的结构和等效电路

双向晶闸管可以双向导通，即门极加上正或负的触发电压，均能触发双向晶闸管正、反两个方向导通。图 9-5 是其触发状态。

当门极 G 和主电极 T_2 相对于主电极 T_1 的电压为正（$V_{T2} > V_{T1}$、$V_G > V_{T1}$）或门极 G 和主电极 T_1 相对于主电极 T_2 的电压为负（$V_{T1} < V_{T2}$、$V_G < V_{T2}$）时，晶闸管的导通方向为 $T_2 \rightarrow T_1$，此时 T_2 为阳极，T_1 为阴极。

当门极 G 和主电极 T_1 相对于主电极 T_2 的电压为正（$V_{T1} > V_{T2}$、$V_G > V_{T2}$）或门极 G 和主电极 T_2 相对于主电极 T_1 的电压为负（$V_{T2} < V_{T1}$、$V_C < V_{T2}$）时，晶闸管的导通方向为 $T_1 \rightarrow T_2$，此

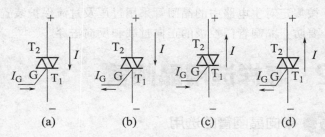

图 9-5 双向晶闸管的触发状态

时 T_1 为阳极，T_2 为阴极。

双向晶闸管的主电极 T_1 与主电极 T_2 间，无论所加电压极性是正向还是反向，只要门极 G 和主电极 T_1（或 T_2）间加有正、负极性不同的触发电压，满足其必需的触发电流，晶闸管即可触发导通呈低阻状态。此时，主电极 T_1、T_2 间压降约为 1V。

双向晶闸管一旦导通，即使失去触发电压，也能继续维持导通状态。当主电极 T_1、T_2 电流减小至维持电流以下或 T_1、T_2 间电压改变极性，且无触发电压时，双向晶闸管阻断，只有重新施加触发电压，才能再次导通。

9.1.4 晶闸管使用注意事项

① 选用晶闸管的额定电压时，应参考实际工作条件下的峰值电压的大小，并留出一定的余量。

② 选用晶闸管的额定流时，除了考虑通过元件的平均电流外，还应注意正常工作时导通角的大小、散热通风条件等因素。在工作中还应注意管壳温度不超过相应电流下的允许值。

③ 使用晶闸管之前，应该用万用表检查晶闸管是否良好。发现有短路或断路现象时，应立即更换。

④ 严禁用兆欧表（即摇表）检查元件的绝缘情况。

⑤ 电流为 5A 以上的晶闸管要装散热器，并且保证所规定的冷

却条件。为保证散热器与晶闸管管心接触良好，它们之间应涂上一薄层有机硅油或硅脂。

⑥ 按规定对主电路中的晶闸管采用过压及过流保护装置。

⑦ 要防止晶闸管门控极的正向过载和反向击穿。

9.2 怎样选用晶闸管

9.2.1 单向晶闸管的选用

单向晶闸管按功率大小来区分，单向晶闸管有小功率、中功率和大功率三种规格，一般从外观上即可进行识别。小功率晶闸管多采用塑封或金属壳封装；中功率晶闸管的门极引脚比阴极细，阳极带有螺栓；大功率晶闸管的门极上带有金属编制套。目前，单向晶闸管已经被广泛用于可控整流、交流调压、逆变电源以及开关电源等电路。其工作电压范围可以做的很宽，从 $100\sim5000\text{V}$；通态平均电流从几安到几千安。普通单向晶闸管的工作频率一般在 400Hz 以下，而快速单向晶闸管能工作在 5kHz 左右，有的还能工作在 40kHz 左右。

9.2.2 双向晶闸管的选用

晶闸管的正向压降、门极触发电流及触发电压等参数应符合应用电路（指门极的控制电路）的各项要求，不能偏高或偏低，否则会影响晶闸管的正常工作。

普通晶闸管不能在较高的频率下工作。因为器件的导通或关断需要一定时间，同时阳极电压上升速度太快时，会使元件误导通；阳极电流上升速度太快时，会烧毁元件。

9.2.3 特殊晶闸管的选用

除了单向晶闸管和双向晶闸管以外，还有很多的晶闸管，例如门极关断晶闸管、光控晶闸管、逆导晶闸管、BTG 晶闸管、温控晶闸管、四极晶闸管和晶闸管模块等。

若用于交流电动机变频调速、斩波器、逆变电源及各种电子开关电路等，可选用门极关断晶闸管。

若用于锯齿波发生器、长时间延时器、过电压保护器及大功率晶体管触发电路等，可选用 BTG 晶闸管。

若用于电磁灶、电子镇流器、超声波电路、超导磁能储存系统及开关电源等电路，可选用逆导晶闸管。

若用于光电耦合器、光探测器、光报警器、光计数器、光电逻辑电路及自动生产线的运行监控电路，可选用光控晶闸管。

9.3 晶闸管的检测方法

9.3.1 单向晶闸管的检测方法

(1) 判断各电极

由单向晶闸管的结构图可知，它的门极 G 与阴极 K 之间有一个 PN 结，而阳极 A 与门极 G 之间有两个反极性串联的 PN 结。因此，万用表 R×100 挡可很方便地判定出门极 G。具体方法是，将黑表笔任接某一电极，红表笔依次去触碰另外两个电极，假如测量结果有一次阻值为几百欧，而另外一个阻值为几千欧，据此即可判定黑表笔所接的是门极 G。在阻值为几百欧的那次测量中，红表笔接的便是阴极 K，而在阻值为几千欧的那次测量中，红表笔接的是阳极 A。如果两次测出的阻值都很大，说明黑表笔接的不是门极 G。应用同样方法改测其他电极，重新进行测试判断，直到将三个电极确定为止。

(2) 判断好坏

用万用表 R×1k 挡测量普通晶闸管阳极 A 与阴极 K 之间的正、反向电阻，正常时均为无穷大（∞）；若测得 A、K 之间的正、反向电阻值为零或阻值均较小，则说明晶闸管内部击穿短路或漏电。

测量门极 G 与阴极 K 之间的正、反向电阻值，正常时应有类似二极管的正、反向电阻值（实际测量结果要较普通二极管的正、反向电阻值小一些），即正向电阻值较小（小于 2kΩ），反向电阻值较大（大于 80kΩ）。若两次测量的电阻值均很大或均很小，则说明该晶闸管 G、K 极之间开路或短路。若正、反电阻值均相等或接近，则说明该晶闸管已失效，其 G、K 极间 PN 结已失去单向导电作用。

测量阳极 A 与门极 G 之间的正、反向电阻，正常时两个阻值均应为几百千欧姆（kΩ）或无穷大，若出现正、反向电阻值不一样（有类似二极管的单向导电），则是 G、A 极之间反向串联的两个 PN 结中的一个已击穿短路。

（3）触发能力检测

对于小功率（工作电流为 5A 以下）的普通晶闸管，可用万用表R×1挡测量。测量时黑表笔接阳极 A，红表笔接阴极 K，此时表针不动，显示阻值为无穷大（∞）。用镊子或导线将晶闸管的阳极 A 与门极短路（见图 9-6），相当于给 G 极加上正向触发电压，此时若电阻值为几欧姆至几十欧姆（具体阻值根据晶闸管的型号不同会有所差异），则表明晶闸管因正向触发而导通。再断开 A 极与

 图　解

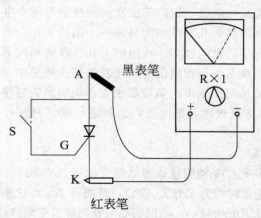

图 9-6　用万用表测量小功率单向晶闸管的触发能力

G 极的连接（A、K 极上的表笔不动，只将 G 极的触发电压断掉），若表针示值仍然保持在几欧姆至几十欧姆的位置不动，则说明此晶闸管的触发性能良好。

对于工作电流在 5A 以上的中、大功率普通晶闸管，因其通态压降、维持电流及门极触发电压均相对较大，万用表 R×1 挡所提供的电流偏低，晶闸管不能完全导通，故检测时可在黑表笔端串接一只 200Ω 可调电阻和 1～3 节 1.5V 干电池（视被测晶闸管的容量而定，其工作电流大于 100A 的，应用 3 节 1.5V 干电池），如图 9-7 所示。

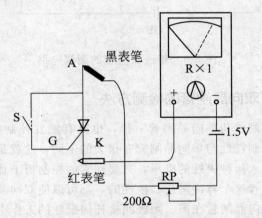

图 9-7　用万用表测量大功率普通晶闸管的触发能力

也可以用图 9-8 中的测试电路测试普通晶闸管的触发能力。电路中，VT 为被测晶闸管，HL 为 6.3V 指示灯（手电筒中的小电珠），GB 为 6V 电源（可使用 4 节 1.5V 干电池或 6V 稳压电源），S 为按钮，R 为限流电阻。

当按钮 S 未接通时，晶闸管 VT 处于阻断状态，指示灯 HL 不亮（若此时 HL 亮，则是 VT 击穿或漏电损坏）。按动一下按钮 S 后（使 S 接通一下，为晶闸管 VT 的门极 G 提供触发电压），若指示灯 HL 一直点亮，则说明晶闸管的触发能力良好。若指示灯亮度偏低，则表明晶闸管性能不良、导通压降大（正常时导通压降应为 1V 左右）。若按钮 S 接通时，指示灯亮，而按钮 S 断开时，指示灯熄灭，则说明晶闸管已损坏，触发性能不良。

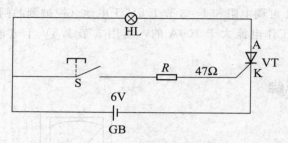

图 9-8　普通晶闸管的测试电路

9.3.2 双向晶闸管的检测方法

双向晶闸管与单向晶闸管一样，也具有触发控制特性。不过，它的触发控制特性与单向晶闸管有很大的不同，这就是无论在阳极和阴极间接入何种极性的电压，只要在它的控制极上加上一个触发脉冲，也不管这个脉冲是什么极性的，都可以使双向晶闸管导通。

由于双向晶闸管在阳、阴极间接任何极性的工作电压都可以实现触发控制，因此双向晶闸管的主电极也就没有阳极、阴极之分，通常把这两个主电极称为 T_1 电极和 T_2 电极，将接在 P 型半导体材料上的主电极称为 T_1 电极，将接在 N 型半导体材料上的电极称为 T_2 电极。

(1) 判别晶闸管各电极

用万用表 R×1 或 R×10 挡分别测量双向晶闸管三个引脚间的正、反向电阻，若测得某一引脚与其他两脚均不通，则此脚便是主电极 T_2。

找出 T_2 极之后，剩下的两脚便是主电极 T1 和门极 G。测量这两脚之间的正、反向电阻值，会测得两个均较小的电阻值。在电阻值较小（约几十欧姆）的一次测量中，黑表笔接的是主电极 T_1，红表笔接地是门极 G。

螺栓形双向晶闸管的螺栓一端为主电极 T_2，较细的引线端为门极 G，较粗的引线端为主电极 T_1。

（2）判断晶闸管的好坏

用万用表 R×1 或 R×10 挡测量双向晶闸管的主电极 T_1 与主电极 T_2 之间、主电极 T_2 与门极 G 之间的正、反向电阻值，正常时均应接近无穷大。若测得电阻值均很小，则说明该晶闸管电极之间已击穿或漏电短路。

测量主电极 T_1 与门极 G 之间的正、反向电阻值，正常时均应在几十欧姆至一百欧姆之间（黑表笔接 T_1 极，红表笔接 G 极时，测得的正向电阻值较反向电阻值略小一些）。若测得 T_1 极与 G 极之间的正、反向电阻值均为无穷大，则说明该晶闸管已开路损坏。

（3）触发能力检测

对于工作电流为 8A 以下的小功率双向晶闸管，可用万用表 R×1 挡直接测量。测量时先将黑表笔接主电极 T_2，红表笔接主电极 T_1，然后用镊子将 T_2 极与门极 G 短路，给 G 极加上正极性触发信号，若此时测得的电阻值由无穷大变为十几欧姆，则说明该晶闸管已被触发导通，到同方向为 $T_2 \rightarrow T_1$。

再将黑表笔接主电极 T_1，红表笔接主电极 T_2，然后用镊子将 T_2 极与门极 G 短路，给 G 极加上正极性触发信号，若此时测得的电阻值由无穷大变为十几欧姆，则说明该晶闸管已被触发导通，到同方向为 $T_1 \rightarrow T_2$。

若在晶闸管被触发导通后断开 G 极，T_2、T_1 极间不能维持低阻导通状态而阻值变为无穷大，则说明该双向晶闸管性能不良或已损坏。若给 G 极加上正（或负）极性触发信号后，晶闸管仍不导通（T_1 与 T_2 间的正、反向电阻值仍为无穷大），则说明该晶闸管已损坏，无触发导通能力。

对于工作电流在 8A 以上的中、大功率双向晶闸管，在测量其触发能力时，可先在万用表的某只表笔上串接 1～3 节 1.5V 干电池，再用 R×1 挡按上述方法测量。

对于耐压为 400V 以上的双向晶闸管，也可以用 220V 交流电压来测试其触发能力及性能好坏。图 9-9 是双向晶闸管的测试电路。电路中，EL 为 60W/220V 白炽灯泡，VT 为被测双向晶闸管，R 为 10kΩ 限流电阻，S 为按钮。

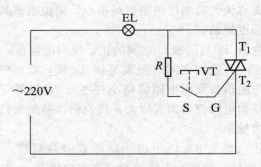

图 9-9　双向晶闸管的测试电路

将电源插头接入市电后，双向晶闸管处于截止状态，灯泡不亮（若此时灯泡正常发光，则说明被测晶闸管的 T_1 和 T_2 之间已击穿短路；若灯泡微亮，则说明被测晶闸管漏电损坏）。按动一下按钮 S，为晶闸管的门极 G 提供触发电压信号，正常时晶闸管应立即被触发导通，灯泡正常发光。若灯泡不能发光，则说明被测晶闸管内部开路损坏。若按动按钮 S 时灯泡点亮，松手后灯泡又熄灭，则表明被测晶闸管的触发性能不良。

9.3.3　特殊晶闸管的检测方法

特殊晶闸管有很多，本书主要介绍一下门极关断晶闸管的检测。

（1）**判别各电极**

门极关断晶闸管三个电极的判别方法与普通晶闸管相同，即用万用表 R×100 挡，找出具有二极管特性的两个电极，其中一次为低阻值（几百欧姆），另一次阻值较大。在组织小的那次测量中，红表笔接的是阴极 K，黑表笔接的是门极 G，剩下的一只引脚即为阳极 A。

（2）**触发能力和关断能力的检测**

可关断晶闸管触发能力的检测方法与普通晶闸管相同。检测门极关断晶闸管的关断能力时，可先按检测触发能力的方法使晶闸管处于导通状态，即用万用表 R×1 挡，黑表笔接阳极 A，红表笔接阴极 K，测得电阻值为无穷大。再将 A 极与门极 G 短路，给 G 极加上正向触发信号时，晶闸管被触发导通，其 A、K 极间电阻值由无穷大变为低阻状态。断开 A 极与 G 极的短路点后，晶闸管维持低阻导通状态，说明其触发能力正常。再在晶闸管的门极 G 与阳极 A 之间加上反向触发信号，若此时 A 极与 K 极间电阻值由低阻值变为无穷大，则说明晶闸管的关断能力正常，图 9-10 是关断能力的检测示意图。

 图 解

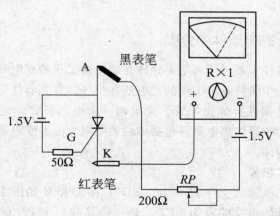

图 9-10　用万用表检测门极关断晶闸管的关断能力

第 10 章

光电器件

光电器件是将光能转换为电能的一种传感器件，它是构成光电式传感器最主要的部件。光电器件的结构简单、使用方便且响应速度快，而且有较高的可靠性。因此在自动检测、计算机和控制系统等领域得到了非常广泛地应用。

10.1 光电器件的基本知识

光电器件工作的物理基础是光电效应。在光线作用下，物体的电导性能改变的现象称为内光电效应，如光敏电阻等就属于这类光电器件。在光线作用下，能使电子逸出物体表面的现象称为外光电效应，如光电管、光电倍增管就属于这类光电器件。

10.1.1 光电器件的分类

光电器件主要包括利用半导体光敏特性工作的光电导器件和利用半导体光生伏特效应工作的光电池和半导体发光器件等。常用的半导体光电器件有如光导管、光电池、光电二极管、光电晶体管等；常用的半导体热电器件包括如热敏电阻、温差发电器和温差电制冷器等器件。

(1) 发光二极管

发光二极管的文字符号为"VD"，图形符号如图 10-1 所示。发光二极管的英文缩写为 LED，是一种具有一个 PN 结的半导体电致发光器件。

图 10-1　发光二极管的图形符号

　　发光二极管的种类很多，按照不同的特征可进行不同的分类。

　　① 发光二极管按照发光光谱可分为可见光发光二极管和红外发光二极管两大类，其中可见光发光二极管包括红、绿、黄、橙、蓝等颜色。

　　② 发光二极管按照发光效果可分为固定颜色发光二极管和变色发光二极管，其中变色发光二极管包括双色发光二极管和三色发光二极管等。

　　③ 发光二极管按照体积的大小可分为大、中、小等多种规格。

　　④ 发光二极管可按照自身的特性分为特殊型和普通型两大类。其中特殊型包括组合发光二极管、带阻发光二极管、闪烁发光二极管等。

(2) 光电二极管

　　光电二极管又称为光敏二极管。光电二极管是一种光电变换器件，它能将接收的光信号转变成电信号输出，其基本特性是在光的照射下吸收光能产生光电流。光电二极管是在二极管施加反向电压，管子中的反向电流会随着光线照射强度的增加而增加，且光线越强反向电流越大。

　　光电二极管与普通二极管基本相似，但制作工艺不同。光电二极管的文字符号为"VDL"，其图形符号如图 10-2 所示。

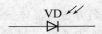

图 10-2　光电二极管的图形符号

光电二极管的种类很多，可以根据使用目的、要求的精度和外部形状来进行分类，它的种类主要有以下几种。

① PN 光敏二极管　PN 光敏二极管（硅光敏二极管）的主要特点为对紫外线到红外线的宽范围波长的光具有较高的灵敏度，其光电流与入射光强度的线性比较好且对微弱光也有较高的灵敏度，但其响应速度比 PIN 光敏二极管要慢。

② PIN 光敏二极管　PIN 光敏二极管的优点为响应速度快，缺点是温度特性比 PN 光敏二极管差。

③ APD 雪崩光敏二极管　APD（雪崩光敏二极管）的主要特点是对宽范围的波长的光具有较高的灵敏度且对光电流具有放大作用，暗电流小，响应速度快。

④ GaAsP 光敏二极管　GaAsP 光敏二极管接近可见光的波长，一般用于可见光，主要用作摄像机的露点计和分光光度计。

⑤ 复合型光敏二极管　复合型光敏二极管（位置检测用光敏二极管），其特征是与入射光的光轴吻合，用于光电位置的检测。

⑥ 光敏传感器模块　光敏传感器模块（集成光敏传感器）的片内设有放大器，集光敏元件与信号处理电路于一体，性能好。

(3) 光电三极管

光电三极管（又称为光敏三极管、光敏晶体管）是在二极管的基础上发展起来的光电器件。光电三极管的作用也是实现光电转换。但是，光电二极管的光电转换的灵敏度低，而光电三极管实质是在光电二极管的基础上加了一级放大，其光电转换的灵敏度大大提高。光电三极管可以等效成一个光电二极管和一个普通二极管的组合。和晶体三极管相似，光电三极管也是具有两个 PN 结的半导体器件，所不同的是其基极受光信号的控制。光电三极管的文字符号为"VT"，图形符号如图 10-3 所示。

光电三极管的型号命名方法与晶体三极管相同。目前，普遍使用的是 3DU 系列 NPN 型硅光电三极管，其型号意义如图 10-4 所示。

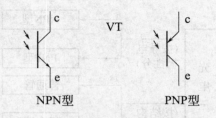

图 10-3　光电三极管的图形符号

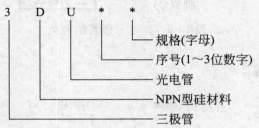

图 10-4　光电三极管的型号意义

　　光电三极管可以按照导电极性、结构类型、外引脚数进行分类，如图 10-5 所示。

(4) 激光二极管

　　激光二极管是激光头中的关键部件，它广泛地应用于激光条码阅读器、计算机的光驱、激光打印机和各种视盘机等产品中。

　　激光二极管具有体积小、寿命长（5 万小时以上）、电压低耗电省、价格便宜等一系列优点。它远优于红光氦氖激光管，所以迅速地占领了激光应用领域。

　　激光二极管简称"VD"，其电路符号如图 10-6 所示。

　　激光二极管按照 PN 结材料是否相同，可以把激光二极管分为

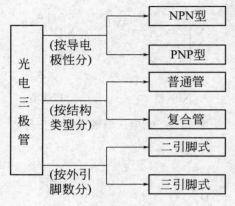

图 10-5 光电三极管的种类

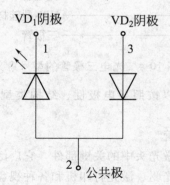

图 10-6 激光二极管的电路符号

同质结、单异质结（SH）、双异质结（DH）和量子阱（QW）激光二极管。

用于激光唱机和视频光盘（VCD）、DVD视盘机中的激光二极管主要分为普通型激光二极管好全息照相复合型激光二极管。

① 普通型激光二极管 普通型激光二极管主要由散热器、激光器芯片（激光二极管管芯）和光敏二极管 PD 构成，普通型激光二极管由于其发射窗的不同可以分为斜面性和平面型。斜面型的激光二极管一般用于 CD 唱机，平面型的激光二极管主要用于视盘机。

② 全息照相复合型激光二极管 全息照相复合型激光二极管与普通型激光二极管的不同之处在于激光二极管发射面的光路中增设了一个衍射光栅，在其顶部增设了一个全息照相镜片，在激光二极管侧面排列了一个光敏检测器。

(5) 光电耦合器

光电耦合器件是由发光元件（如发光二极管）和光电接收元件合并使用，以光作为媒介传递信号的光电器件。光电耦合器中的发光元件通常是半导体的发光二极管，光电接收元件有光敏电阻、光敏二极管、光敏三极管或光可控硅等。根据其结构和用途不同，又可分为用于实现电隔离的光电耦合器和用于检测有无物体的光电开关。

光电耦合器的发光和接收元件都封装在一个外壳内，当输入端加入电信号时，发光器发出光线，受光器接受光照之后就产生了光电流，由输出端引出，从而实现了"电-光-电"的转换。

光电耦合器其输入与输出端之间没有电的直接耦合，光线的耦合又是封闭在管壳之内，因而具有抗干扰能力强、寿命长、传输效率高等优点，因而被广泛地应用于电气隔离、电平转换、级间非电耦合、开关电路及仪表计算机的电路之间。

光电耦合器的种类较多，根据结构可分为光隔离型和光传感型；根据其内部输出电路结构不同，可分为光电二极管型、光电三极管型、光敏电阻型、光控晶闸管型、达林顿型、集成电路型、光电二极管和半导体型等；根据其输出形式的不同，可分为普通型、线性输出型、高传输比型、双路输出型和组合封装型等。

(6) LED 数码管

LED 数码管也称为 LED 数码显示管，是由多只条状半导体发光二极管按照一定的连接方式组合而成的。

LED 数码管按发光颜色可分为红色、橙色、黄色和绿色等多种。发光颜色与发光二极管的半导体材料及其所掺杂质有关；按发光强度可分为普通亮度 LED 数码管和高亮度 LED 数码管；按显示位数可分为一位 LED 数码管、双位 LED 数码管和多位 LED 数码管。

(7) 液晶显示器

液晶显示器的英文缩写为 LCD，是一种新型显示器件。显示器件可分为主动发光型和非主动发光型，液晶显示器属于非主动型，它本身不发光，而是利用信息调制外光源而使其达到显示的目的。

液晶显示器有较多的种类，分别适用于不同场合的显示需要。

① 按驱动方式分为静态驱动显示型、多路寻址动态驱动显示型和矩阵式扫描驱动显示型。其中，静态驱动显示型的字符各个笔划段同时分别驱动显示；多路寻址动态驱动显示型的字符各个笔划段轮流驱动显示，当有 n 个笔划段时，在每个显示周期内，每个笔划段分别只在 $1/n$ 时间里显示，由于扫描速度足够快和人眼的视觉暂留现象，看起来显示的字符是完整的；矩阵式扫描驱动显示型对点阵式液晶显示器逐行扫描显示字符或图像。

② 按液晶显示机理可分为扭曲向列型（TN）、超扭曲（STN）型、宾主（GH）型，此外还有动态散射（DS）型、相变（PC）型和电控双折射（ECB）型等。

③ 按液晶显示器的基本结构不同，可分为透射型、反射型和投影型等种类。

④ 按液晶显示器的使用功能不同，可分为仪表显示器、电子钟表显示器、计算机显示器等。

⑤ 按液晶显示器与驱动电路之间的连接方式可分为导电橡胶式连接和插针式连接。

10.1.2 各种光电器件的主要参数

(1) 发光二极管

发光二极管的主要技术参数有最大工作电流 I_{FM}、最大反向电压 U_{RM}、正向压降 U_F、反向电流 I_R，发光二极管还有发光波长、发光强度 I_V、发光效率和光通量 F 等参数，平时选用时可不必考虑，了解便可。

① 最大工作电流 I_{FM} 在发光二极管的两端加上规定的正向电压时，流过管子的正向电流称为工作电流 I_F，最大工作电流 I_{FM} 是指发光二极管在长期正常工作所允许通过的最大正向电流。使用时电流不能超过此值，否则将会烧毁发光二极管。

② 最大反向电压 U_{RM} 最大反向电压 U_{RM} 是指发光二极管在不被击穿的前提下，所能够承受的最大反向电压。发光二极管的最大反向电压 U_{RM} 一般在 5V 左右，使用时切勿超过此值，否则发光二极管存在被击穿的危险。

③ 正向压降 U_F 在发光二极管的两端通过规定的正向电流 I_F 时，管内产生的正向电压称之为正向压降 U_F。

④ 反向电流 I_R 反向电流 I_R 是指发光二极管的两端加上规定的反向电压时管内产生的反向电流，也有人称之为反向漏电流。反向电流 I_R 的值越小越好。

(2) 光电二极管

光电二极管的主要参数有最高工作电压 U_{RM}、光电流 I_L、暗电流 I_D、光电灵敏度 S_n、响应时间 T_r 与光谱范围与波长等。

① 最高反向工作电压 U_{RM} 最高反向工作电压 U_{RM} 是指光电二极管在光照的条件下，反向漏电流不大于 $0.1\mu A$ 时所能承受的最高反向电压值（一般为 $10\sim50V$）。通常，最高工作电压较大的管子，其性能较稳定。

② 光电流 I_L 光电流 I_L 是指光电二极管在受到一定光照时，在最高反向工作电压条件下产生的电流。光电二极管的光电流一般为几十微安，并与入射光强度成正比，此值越大越好。

③ 暗电流 I_D　暗电流 I_D 是指光电二极管在无光照及最高反向电压下的漏电流。暗电流的值越小，光电二极管的性能越稳定，检测弱光的能力越强。

④ 光电灵敏度 S_n　光电灵敏度 S_n 是反映光电二极管对光的敏感程度的一个参数，指在规定的波长入射光照下，光电二极管两端加上反向偏压时，输入单位光功率，光子所输出的光电流值，用每微瓦的入射光能量下所产生的光电流来表示，单位为 $\mu A/\mu W$。光电灵敏度越高，说明对光的反应越灵敏。

⑤ 响应时间 T_r　响应时间 T_r 是指光电二极管将光信号转化为电信号所需的时间。响应时间越短，说明光电二极管的工作频率越高。

⑥ 正向压降 U_F　正向压降 U_F 是指光电二极管中通过一定电流时，它两端产生的压降。

⑦ 光谱范围与波长　光谱范围与波长是指不同材料制作的光电二极管有着不同的光谱特性，它反映了光电二极管对不同波长的光反应的灵敏度是不同的。光电二极管反应最灵敏的波长叫做该光电二极管的峰值波长。

(3) 光电三极管

光电三极管的参数较多，主要的技术参数有最高工作电压 U_{CEO}、光电流 I_L 和最大允许功耗 P_{CM}，此外光电三极管的参数还包括反向击穿电压 U_{BR}、暗电流 I_D、上升时间 T_r、下降时间 T_f 和峰值波长 λ_p 等。

① 最高工作电压 U_{CEO}　最高工作电压 U_{CEO} 是指在无光照、集电极漏电流不超过规定值（约为 $0.5\mu A$）时，光电三极管的两端所允许加的最高工作电流，一般在 $10\sim 50V$ 左右，要注意在使用过程中不要超过此值。

② 光电流 I_L　光电流 I_L 是指在受到一定光照时光电三极管的集电极电流，通常可达几毫安。光电流 I_L 越大，光电三极管的灵敏度越高。

③ 最大允许功耗 P_{CM}　最大允许功耗 P_{CM} 是指光电三极管在

不被损坏的前提下，发光管两端所能够承受的最大集电极耗散功率。

（4）光电耦合器

光电耦合器的主要参数有正向电压 U_F、输出电流 I_L 和反向击穿电压 U_{BR} 等。

① 正向电压 U_F　正向电压 U_F 是光电耦合器输入端的主要参数，是指使输入端发光二极管正向导通所需要的最小电压（即发光二极管管压降）。

② 输出电流 I_L　输出电流 I_L 是光电耦合器输出端的主要参数，是指输入端接入规定正向电压时，输出端光电器件通过的光电流。

③ 反向击穿电压 U_{BR}　反向击穿电压 U_{BR} 是一项极限参数，是指输出端光电器件反向电流达到规定值时，其两极间的电压降。使用中工作电压应在 U_{BR} 以下并留有一定余量。

10.1.3 各种光电器件的使用注意事项

（1）发光二极管

发光二极管在使用时，应着重注意以下几点。

① 正确弯折引脚

注 意 ⚠

发光二极管引脚的弯折不应在焊接到印制电路板上后再进行，而应在焊接之间进行。同时，要注意正确的操作方法，即用钳子夹住引脚的根部，保持引脚根部固定，而后再将发光二极管的引脚弯折成所需的形状。

② 正确焊接

焊接条件：温度 260℃，保持在 3s 之内焊接完成。焊接时，用镊子夹住发光二极管的引脚根部，且远离焊接点。禁忌焊接温度过高和焊接时间过长。

③ 防止过电流

因电源电压波动而引起的过电流可能会损坏发光二极管，在使用时，须在电路中串联保护电阻 R。

(2) 光电二极管

光电二极管和其他的半导体二极管一样，不允许其电参数超过最大值（如最高工作电压 U_{CEO}、最大允许功耗 P_{CM} 等），否则会缩短光电二极管的使用寿命，甚至烧毁光电二极管。选用光电二极管时，注意区分光电二极管的两种主要类型及其适用电路。此外要学会将两种管子适当排列，组成多级放大电路以便于提高电路的灵敏度。

(3) 光电三极管

光电三极管和其他的半导体三极管一样，不允许其电参数超过最大值（如最高工作电压 U_{CEO}、最大允许功耗 P_{CM} 等），否则会缩短光电三极管的使用寿命，甚至烧毁光电三极管。此外，还应注意的是，我们所用的光电三极管的光谱响应范围必须与入射光的光谱响应值相互匹配，以便于获得最佳的响应特性，达到效率的最优化。

(4) 光电耦合器

光电耦合器在使用时，应着重注意以下几点：

当光电耦合器的电流传输比（CTR）＜50％时，光耦中的LED 数码显示管就需要较大的工作电流，一般来说，当光电耦合器的工作电流 I_f＞5mA 时才能正常控制单片开关电源 I_c 的占空比，这会增大光耦的功耗；当光电耦合器的 CTR＞200％，在启动电路或者当负载发生突变时，有可能将单片开关电源误触发，影响正常输出。因此，所选用的光电耦合器的 CTR 的允许范围应为50％～200％。

优先考虑选用线性光电耦合器，其特点是 CTR 值能够在一定范围内做线性调整。

目前，在国内应用较多的光耦为进口的 4N×× 系列（如4N25、4N26、4N35）光电耦合器，由于此系列的光耦呈现开光特性，其线性度差，适宜传输数字信号，因此不宜在开关电源中使用。

10.2 怎样选用光电器件

10.2.1 发光二极管的选用

发光二极管主要用于家用电器和其他电路及仪器中做指示灯，指示电源或开关的通断，选用发光二极管时，应根据电路的具体要求和电子设备的尺寸大小来选择适合的发光二极管。

① 按照发光二极管的发光颜色和强度、外形和尺寸以及封装形式来选用合适的二极管，发光二极管的外形、大小及封装形式多种多样，外形有方形、长方形、圆形和小型的，封装形式有金属外壳封装和全塑封装等，可根据性能要求和使用条件来选择符合条件的二极管。

② 发光二极管可以按照种类来选用符合条件要求的器件。

发光二极管除了有单色发光二极管外，还有变色发光二极管和三色发光二极管等，在使用变色和三色发光二极管时要注意：首先，使用时发光二极管要串接限流电阻并确保通过的发光管的是规定的电流；其次，焊接时温度不要过高，注意发光二极管的散热，并保证焊接时间不要太长，特别注意引脚的正、负极性；最后，变色发光二极管的使用温度在＋85℃以下，发光管的亮度随温度的降低而升高，在低温时，其发光性能最好。

③ 在使用发光二极管时，要先检测其质量好坏。

避免在焊接使用后发现发光二极管已损坏，从而在电路运用过程中造成不必要麻烦。方法是：用外用表的 R×10k 挡来检测其正反向电阻和发光管的发光情况，具体方法将在下面的章节中详细介绍。对于部分大功率的发光二极管，因其工作电流较大，发光二极管易发热，使用时应加散热片帮助其进行散热。

10.2.2 光电二极管、光电三极管的选用

(1) 光电二极管

光电二极管的种类很多，而且参数相差较大，选用时要根据电路的要求。首先确定选用什么类别的，再确定选用什么型号的，最后再从同型号中选用参数满足电路要求的光电二极管。

① 类型的选择

光电二极管用于一般的光电控制电路，在装置体积允许的情况下，尽量选用光照窗口面积大的管子，如 2CU1、2CU2 或 2DUB 型管子。但 2CU 型的暗电流随环境温度变化大，所以在稳定要求较高的光电控制电路上就要用 2DU 型光电二极管。

② 外形的选择

2DUA 和 2DUB 型硅光电二极管的体积小，特别是 2DUA 型管子，外壳宽度只有（2±0.2）mm。将两种管子适当排列，可组成光电二极管阵列，由于它们的入射光窗口很小，因此产生的光电流也小，如果要提高电路的灵敏度，就要多加几级放大电路。

(2) 光电三极管

在实际选用光电三极管时，应注意按参数要求选择管型。如果要求响应时间快，对温度敏感性小，就不选用光电三极管而选用光电二极管；如果要求灵敏度高，可选用达林顿光电三极管。探测暗光一定要选择暗电流小的管子，同时可考虑有基极引出线的光电三极管，通过偏置取得适合的工作点，提高光电流的放大系数。

10.2.3 激光二极管的选用

常用的激光二极管有两种。

(1) PIN 光电二极管

它在收到光功率产生光电流时，会带来量子噪声。

(2) 雪崩光电二极管

它能够提供内部放大，比 PIN 高的价格的传输距离远，但量子噪声更大。为了获得良好的信噪比，光检测器件后面须连接噪声

预放大器和主放大器。

在实际使用时，可根据实际条件来选择适合的激光二极管。

10.2.4 光电耦合器的选用

光电耦合器的主要作用是隔离传输，在隔离耦合、电平转换、继电器控制等方面得到了广泛的应用。选用光电耦合器时，应该根据具体的电路来选择合适的类型，如利用光电耦合器的隔离作用和发光二极管与光敏晶体管之间只有光的耦合而无点的连接，可将交流 220V 电源与负载有效隔离，实现开关电源的冷底板设计；将取样电压引入光电耦合器，输出端接到脉冲控制电路，可根据输出电压的波动自动高速控制脉冲的宽度，实现稳压的目的等。

10.2.5 LED数码管的选用

选用 LED 数码管时，应根据具体要求来选择合适的型号规格。外形尺寸、发光亮度、发光颜色、额定功率、工作电流、工作电压及极性等均应符合电路的要求。

选用 LED 数码管的极性（共阳极或共阴极）应与其译码驱动电路相匹配。通常用 LED 数码管型号后面的末位数字或型号前面的两位字母来表示其极性。

不同厂家生产的 LED 数码管极性的标注方法也不相同，这一点要加以注意。

10.2.6 液晶显示器的选用

液晶显示器本身不发光，只能靠反射和吸收外界光线来显示信息。

选用液晶显示器时，应根据不同的用途来选择液晶显示器的显示类型、数字位数及图像、字符的规格等，还应根据驱动电路的类型来选择显示器与驱动电路的连接方式（确定是用导电橡胶连接方式还是针插连接方式）。

10.3 光电器件的检测方法

10.3.1 发光二极管的检测方法

检测发光二极管的好坏和检测一般二极管相似，只是由于发光管的导通电压大于 1.5V，用一般的万用表欧姆挡时（电表内的电池多为 1.5V），二极管的正反电阻均很大，因为 1.5V 的电表电池不会让发光管导通，因而无法检测发光管的好坏和鉴别正、负极电极。常用的检测方法如下。

(1) 用万用表检测

发光二极管的主要检测工具是万用表，将万用表置于 R×10k 挡，黑表笔接发光二极管的正极，红表笔接发光二极管的负极，这时发光二极管为正向接入，测其正向电阻，表针应偏转过半，同时发光二极管中有一发光点。然后，再将两表笔对调后与发光二极管相接，此时为反向接入，测其反向电阻，应该为∞，表针都偏转到头或者不动，则说明发光二极管已损坏。

(2) 外接电源检测

用 3V 的稳压源或者两节串联的干电池就可以较为准确地检测发光二极管的光电特性。外接电源测量发光二极管的电路如图 10-7 所示，根据电路图连接电路后，如果测得 V_F 在 1.4～3V 之间，且发光亮度正常，则可以说明发光二极管正常；如果测得 $V_F = 0$ 或者 $V_F \approx 3V$，并且不发光，就说明发光二极管已损坏。

10.3.2 光电二极管、光电三极管的检测方法

光电二极管和光电三极管都属于光敏器件，在电子电路的应用非常广泛。

(1) 光电二极管

① 光电二极管好坏的检测

用万用表的 R×1 挡，测光电二极管的正向电阻，其阻值应当

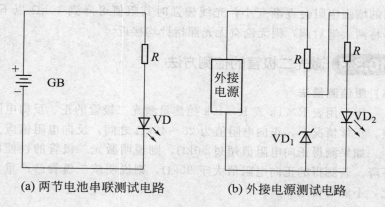

(a) 两节电池串联测试电路　　　　(b) 外接电源测试电路

图 10-7　外接电源检测电路

在 10kΩ 左右，然后用挡板挡住光电二极管的光线接收窗，测其反向电阻，其阻值应该为∞。把挡板去掉，让光电二极管接受光照，当光线越强时，其反向电阻就越小。符合以上阻值特点的被测管是好的。若在上述的测量中，被测管接受光照与不接受光照的反向阻值不发生变化，说明该管是坏的。

② 光电二极管光电特性的检测

检测光电二极管的光电特性，大都使用电压检测法。将万用表置 DC/1V 挡，负表笔接光电二极管的负极，正表笔接光电二极管的正极，将光电二极管的光信号接收窗对准光源。光源为白炽灯，其光强弱可依赖自耦变压器调节。正常的光电二极管在白炽灯光的照射下，应有 0.2～0.4V 直流电压产生，并且此电压与光照强度成正比。

(2) 光电三极管

检测光电三极管时，将万用表置于 "R×1k" 挡，具体步骤如下：

① 将万用表的红表笔接集电极 c，黑表笔接发射极 e，此时光

电三极管两端所加电压为反向电压，万用表指示的阻值应为∞。

② 将万用表的两表笔对调，无光照时指针应接近∞，随着光照的增强电阻会逐渐变小，光线较强时其阻值可降到 10kΩ 以下。再将两表笔对调，则无论有无光照指针均接近∞。

10.3.3 激光二极管的检测方法

(1) 阻值测量法

用万用表 R×1k 或 R×10k 挡测量激光二极管的正、反向电阻值。正常情况下，正向电阻值为 20～40kΩ 之间，反向电阻值应为∞。如果测得正向电阻值超过 50kΩ，则说明激光二极管的性能已下降。若测得的正向电阻值大于 90kΩ，则说明该二极管已严重老化，不能再使用了。

(2) 电流测量法

用万用表测量激光二极管驱动电路中负载电阻两端的电压降，再根据欧姆定律估算出流过该管的电流值，当电流超过 100mA 时，若调节激光功率电位器，而电流无明显的变化，则可判断激光二极管严重老化。若电流剧增而失控，则说明激光二极管已损坏。

10.3.4 光电耦合器的检测方法

光电耦合器的内部由两部分组成，可以用万用表分别加以检测。

(1) 检测光电耦合器的输入部分

万用表用 R×100Ω 或者 R×1k 挡测量发射管正反向，正向电阻一般为几百欧姆，反向电阻为几十千欧姆。如果正反向电阻非常接近，说明发光管质量不良或损坏，测量时不要用万用表 R×10k 挡，因为此挡内电池电压为 9～12V，可能会击穿或烧毁发光管。

(2) 检测光电耦合器的输出部分

检查接收部分时，可用万用表测量光电三极管的集电极和发射极间的电阻，将黑表笔接集电极，红表笔接发射极，表针微动，反接表笔时表针应不动。若为光电二极管，正反向电阻应有较大的差别。

（3）检测光电耦合器的传输性能

将万用表置于"R×100Ω"挡，黑表笔接输出部分光电三极管的集电极，红表笔接发射极。给光电耦合器输入端接入正向电压时，光电三极管应导通，万用表指示的阻值很小。当去掉输入端的正向电压时，光电三极管应截止，阻值为无穷大。

（4）检测绝缘电阻

将万用表置于 R×10k 挡，测量输入端与输出端之间任两只引脚间的电阻，均应该为无穷大。

10.3.5 LED数码管的检测方法

在没有专用测试仪表的情况下，可用万用表电阻挡对 LED 数码管的各个 LED 逐个检测，以确定是共阴极还是共阳极的，以及各引脚相对应的笔划。

万用表置于"R×10k"挡或者"R×100k"，再串接 1.5V 干电池，对于共阴极数码管，红表笔接公共极，黑表笔依次分别接各笔段进行检测。对于共阳极数码管，万用表黑表笔接公共极，红表笔依次分别接各笔段进行检测。

10.3.6 液晶显示器的检测方法

（1）用数字万用表检测

将数字万用表置于"二极管测量"挡或"R×1k"挡，用一支表笔接一引出端，另一表笔任意接其他端，显示屏上会出现相应的笔划显示，如遇不显示的引脚，则该引脚即为公共脚（COM 端），一般液晶屏会有 1～3 个公共引脚。找出 COM 端后，一表笔接 COM 端，另一表笔依次接触各引脚，相应笔划应有显示，否则说明该笔划已损坏。

（2）用感应电压检测

用一根数十厘米长的绝缘软导线，一端在 220V 市电电源线上缠绕几圈，这时软导线上将有 50Hz 的交流感应电压。用软导线另一端的金属部分去接触液晶显示器的各引脚，在 $50\,\mathrm{Hz}$ 感应电压的作用下，各相应笔划应该有显示，否则说明显示屏的该笔划已损坏。

小　结

发光二极管的文字符号为 "VD"，发光二极管的英文缩写为 LED，是一种具有一个 PN 结的半导体电致发光器件。发光二极管的种类很多，按照不同的特征可进行不同的分类。可分为可见光发光二极管、红外发光二极管、固定颜色发光二极管、变色发光二极管、组合发光二极管、带阻发光二极管和闪烁发光二极管等。

光电二极管的文字符号为 "VD"，是一种具有一个 PN 结的半导体光敏器件，它有一个透明的窗口，以便光线能够照射到 PN 结上。光电二极管的突出特点是具有将光信号转换为电信号的功能，其作用是实现光和电之间转换。光电三极管是在光电二极管的基础上发展起来的光电器件。光电三极管是具有两个 PN 结的半导体器件，其基极受到光信号的控制。光电三极管的特点不仅包括光电二极管所具有的光电转换，而且同时还具有放大功能，其主要作用是光控。光电二极管和光电三极管都可用万用表的电阻挡进行检测与区分。

光电耦合器是由发光元件（如发光二极管）和光电接收元件合并使用，以光为媒介传输电信号的器件光电耦合器件以光作为媒介传递信号的光电器件。光电耦合器中的发光元件通常是半导体的发光二极管，光电接收元件有光敏电阻、光敏二极管、光敏三极管或光可控硅等。根据其结构和用途不同，又可分为用于实现电隔离的光电耦合器和用于检测有无物体的光电开关。光电耦合器的主要参数有正向电压 U_F、输出电流 I_L 和反向击穿电压 U_{BR} 等。光电耦合器的主要作用是隔离传输和隔离控制，其输入部分和输出部分之间是绝缘的，因此检测光电耦合器时应分别检测其输入部分和输出部分。

第11章
电声器件

Chapter 11

通过对各种电声器件的实际解剖，要求学会识别电声器件的种类，熟悉常见电声器件的名称，了解不同类型电声器件的作用，掌握常用电声器件的检测方法。

11.1　电声器件的基本知识

电声器件是指电和声相互转换的器件，它是利用电磁感应、静电感应或压电效应等来完成电声转换的，包括扬声器、耳机、传声器、唱头等。

11.1.1　电声器件的分类

（1）扬声器分类

扬声器是把音频电流转换成声音的电声器件，扬声器俗称喇叭，种类很多。

按能量方式分类：电动（动圈）扬声器、电磁扬声器、静电（电容）扬声器、压电（晶体）扬声器、放电（离子）扬声器。

按辐射方式分类：纸盆（直接辐射式）扬声器、号筒（间接辐射式）扬声器。

按振膜形式分类：纸盆扬声器、球顶形扬声器、带式扬声器、平板驱动式扬声器。

按组成方式分类：单纸盆扬声器、组合纸盆扬声器、组合号筒扬声器、同轴复合扬声器。

按用途分类：高保真（家庭用）扬声器、监听扬声器、扩音用扬声器、乐器用扬声器、接收机用小型扬声器、水中用扬声器。

按外形分类：圆形扬声器、椭圆形扬声器、圆筒形扬声器、矩形扬声器。

（2）耳机分类

耳机可以根据其驱动方式、换能原理、结构形成、传导方式和使用形式来分类。

① **按换能原理分类**　耳机按其换能原理可分为电磁式耳机、电动式（包括动圈式、等电动式）耳机、静电式（包括电容式、驻极体式）耳机和压电式（包括压电陶瓷式、压电高聚物式）耳机。

② **按驱动方式分类**　耳机按驱动方式可分为中心驱动式耳机和全面驱动式耳机。

③ **按结构形式分类**　耳机按结构形式可分为耳塞式、耳挂式、听诊式、头戴式（贴耳式、耳罩式）、帽盔式和手柄式等多种。

④ **按传导方式分类**　耳机按传导方式可分为气导式（包括速度型和位移型）和骨导式（接触式）。

⑤ **按使用形式分类**　耳机按使用形式分为语言通信用耳机和广播收音用耳机。

语言通信用耳机包括有线通话通信用耳机、无线电台通信用耳机、抗噪声通信用耳机、耳聋助听用耳机、电化教育用耳机及语言控制用耳机等。

广播收音用耳机又包括无线广播用耳机、高质量监听用耳机、欣赏用 Hi-Fi 立体声耳机等。

（3）传声器式

传声器可以根据其换能方式、指向性、声作用方式及输出阻抗等进行分类。传声器按换能方式可分为动圈式传声器和驻极体传声器。

11.1.2 各种电声器件的结构和工作原理

（1）扬声器的结构和原理

电动式扬声器是使用最为广泛的一种扬声器，其特点是工作频率范围较宽、音质柔和、低音丰富，且结构简单、品种齐全、成本低廉。扬声器的符号及电动式扬声器的结构如图 11-1 所示。其内部详细结构如图 11-2 所示，它主要由环形磁铁、前导磁软铁、后导磁软铁、圆形芯柱、音圈、音圈支架、防尘罩、纸盆及纸盆支架等构成。

图 11-1　扬声器的符号及电动式扬声器结构

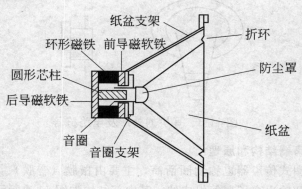

图 11-2　电动式扬声器的详细内部结构示意图

　　当音频信号电流流过扬声器音圈（线圈）时，音圈中音频电流产生的交变磁场与永久磁体产生的强恒磁场相互作用使音圈发生机械振动，音圈会被拉入或推出，其幅度会随电流的方向及大小而改变（将电能转换成机械能），而音圈的上下振动则带动与其紧密连接的纸盆运动，使周围大面积的空气出现相应振动，将机械能再转换成声能。由此可见电动式扬声器实际上是一种电能→机械能→声能的转换器。

（2）**耳机结构和原理**

耳机是由磁铁、铁芯、音圈、纸盆及支架等构成，它与电动式扬声器的结构和工作原理相同，当音频电流流过音圈时，音圈产生的交变磁场与磁铁的恒定磁场相互作用而使音圈带动纸盆按音频频率振动，推动空气发出声音。实际上动圈式耳机是一个微型化的电动扬声器。耳机的外形及电路符号如图 11-3 所示。由于尺寸的限制，动圈式耳机常以低阻抗形式出现。动圈式耳机具有灵敏度高、频率特性好、低音较为丰富等特点，常用于高质量的监听系统和音乐节目的收听。

 图 解

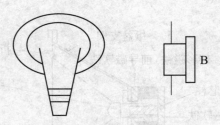

图 11-3　耳机的外形及电路符号

（3）**传声器结构和原理**

动圈式传声器也称动圈话筒，主要由振膜（音膜）、音圈、永久磁铁和输出变压器等组成的，其内部结构如图 11-4 所示。

它的工作原理是当人对着话筒讲话时，膜片就随着声音前后颤动，从而带动音圈在磁场中作切割磁力线的运动。根据电磁感应原理，在线圈两端就会产生感应音频电动势，从而完成了声电转换。

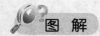
图 解

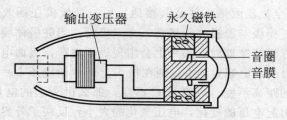

输出变压器　　　永久磁铁

音圈
音膜

图 11-4　动圈式传声器结构图

为了提高传声器的输出感应电动势和阻抗，还需装置一只输出变压器。

根据输出变压器初、次级线圈匝数不同，动圈式传声器有两种输出阻抗：低阻抗为 $200 \sim 600\,\Omega$，高阻抗几十千欧。动圈传声器频率响应范围为 $50 \sim 10000\,Hz$，输出电平为 $-50 \sim -70\,dB$，无方向性。动圈式传声器的特点是结构简单、稳定可靠、使用方便、固有噪声小，被广泛用于语言录音和扩音系统中。不足是灵敏度较低、频率范围窄。

① 电容传声器

电容传声器是靠电容量的变化而工作的，主要由振动膜、极板、电源和负载电阻等组成。振动膜是一块质量很轻、弹性很强的薄膜，表面经过金属化处理，它与另一极板（振动膜）构成一只电容器。由于它们之间的间隙很小，虽然振动面积不大，但仍可以获得一定的电容量。它的工作原理是当膜片受到声波的压力，并随着压力的大小和频率的不同而振动时，膜片与极板之间的电容量就发生变化。与此同时，极板上的电荷随之变化，从而使电路中的电流也相应变化，负载电阻上也就有相应的电压输出，从而实现了声电转换。

电容式传声器则具有频率响应好、失真小、噪声低、灵敏度高、音色柔和等特点，但电容式传声器价格较贵，而且必须为它提供直流极化电源（如 24V），给使用者带来不便。

② 驻极体传声器

驻极体传声器有两块金属极板，其中一块表面涂有驻极体薄膜（多数为聚全氟乙丙烯）并将其接地，另一极板接在场效应晶体管的栅极上，栅极与源极之间接有一个二极管。当驻极体膜片受到振动或受到气流的摩擦时，膜片上会出现表面电荷，表面电荷的电量为 Q，板极间的电容量为 C，则在极头上产生地电压 $U=Q/C$。由于两极板的距离不变，电容量 C 不变，那么极头上的电量 Q 的变化，就会引起电压的变化，电压变化的大小，反映了外界声音气流的强弱，这种电压变化频率反映了外界声音的频率，这就是驻极体传声器的工作原理。

驻极体传声器的膜片多采用聚全氟乙丙烯，其湿度性能好，产生的表面电荷多，受湿度影响小。由于这种传声器也是电容式结构，信号内阻很大，为了将声音产生的电压信号引出来并加以放大，其输出端也必须使用场效应晶体管

③ 无线传声器

无线传声器实际上是一种小型的扩声系统。它由一台微型发射机组成。发射机又由微型驻极体电容式传声器、发送电路、天线和电池仓等部分组成。无线传声器采用了调频方式调制信号，调制后的信号经传声器的短天线发射出去，其发射频率的范围按国家规定在 100～120MHz 之间，每隔 2MHz 为一个频道，避免互相干扰。无线传声器体积小、使用方便、音质良好，话筒与扩音机间无连线，移动自如，且发射功率小，因此在教室、舞台、电视摄制方面得到了广泛的应用。除了使用专用调频接收机，一般的调频收音机只要使其调谐频率调整在无线传声器发射的频率上，同样能收听到无线传声器发出的声音。

11.1.3 各种电声器件的主要参数

(1) 扬声器主要参数

扬声器的主要技术参数有额定功率、标称阻抗、频率响应、灵敏度等。

① 额定功率　扬声器的功率有标称功率和最大功率之分。标称功率又称额定功率、不失真功率。它是指扬声器在不失真范围内容许的最大输入功率，在扬声器的标牌和技术说明书上标注的功率即为该功率值。扬声器的最大功率是指扬声器在某一瞬间所能承受的峰值功率。为保证扬声器工作的可靠性，要求扬声器的最大功率为标称功率的 2～3 倍。常用扬声器的功率有 0.1W、0.25W、1W、2W、3W、5W、10W、60W、120W 等。

② 标称阻抗　扬声器的标称阻抗又称额定阻抗，是制造厂商规定的扬声器（交流）阻抗值。在这个阻抗上，扬声器可获得最大的输出功率。通常，口径小于 90mm 的扬声器的标称阻抗是用 1000Hz 的测试信号测出的，大于 90mm 的扬声器的标称阻抗则是用 400Hz 的测试频率测量出的。选用扬声器时，标称阻抗是一项重要指标，其标称阻抗一般应与音频功放器的输出阻抗相符。

③ 频率响应　频率响应又称有效频率范围，是指扬声器重放声音的有效工作频率范围。扬声器的频率响应范围显然是越宽越好，但受到结构和价格等因素的限制，一般不可能很宽，国产普通纸盆扬声器（小于 130mm 或 5in）的频率响应大多为 120～10000Hz，相同尺寸的橡皮边或泡沫边扬声器的频率响应可达 55Hz～21kHz。

④ 灵敏度　灵敏度是指当扬声器上加上相当于在额定阻抗 1W 电功率的噪声信号电压时，在参考轴上离参考点 1m 处产生的声压 p（Pa）。灵敏度反映了扬声器电声转换效率的高低。灵敏度越高，其转换频率越高，其单位为 dB/mW。

(2) 耳机主要参数

耳机的主要参数有额定阻抗、频率范围、灵敏度、谐波失真等。

① 额定阻抗　阻抗是耳机和耳塞机的重要参数，使用时，要注意阻抗的匹配。不同结构类型及不同型号的耳机，其额定阻抗值也不尽相同。耳机的额定阻抗有多种规格，按其阻抗大小，可分为

低阻抗（4～16Ω）耳机，中阻抗（25～200Ω）耳机和高阻抗（600～2000Ω）耳机。

② 频率范围　耳机的频率范围是指其重放音频信号的有效工作频率范围。常见高保真耳机的频率范围为 20Hz～20kHz，高性能耳机为 16Hz～25kHz。

③ 灵敏度　灵敏度是用来反映耳机电声转换效率的一项重要参数。不同型号的耳机，其灵敏度也是不同的。一般耳机的灵敏度应不小于 90dB/mW，高灵敏度耳机则为 100～116dB/mW。

④ 谐波失真　耳机在重放某一频率的正弦波信号时，除了输出基波信号外，还产生了因多次谐波而引起的失真，这种失真称为谐波失真。一般耳机的谐波失真可小于 2%，高保真度耳机可低于 0.5%，甚至低至 0.2%。

(3) 传声器主要参数

传声器主要参数有灵敏度、频率特性（频率响应）、输出阻抗和指向性等。

① 灵敏度　灵敏度是指传声器在一定声压作用下能产生的输出电压是多少。其单位为 mV/Pa。

② 频率响应　频率响应是指传声器的灵敏度随频率变化而变化的特性。一般传声器的频率响应范围是：100Hz～10kHz，较好的传声器频率响应为 20Hz～20kHz。

③ 输出阻抗　输出阻抗是指传声器在 1kHz 情况下，测得输出端的交流阻抗，称为传声器的输出阻抗。输出阻抗在 2kΩ 以下的称为低阻抗传声器，输出阻抗在 2kΩ 以上的称为高阻抗传声器。

④ 指向性　指向性是指传声器灵敏度随声波入射方向而变化的特性。传声器的指向性可分三种：全向性、单向性、双向性。

全向性传声器，对四面八方的声音都有相同的灵敏度。

单向性传声器，正面的灵敏度高于背面灵敏度。

双向性传声器，正面与背面的灵敏度一样，而两个侧面的灵敏度较低。

11.1.4 各种电声器件的使用注意事项

(1) 扬声器使用注意事项

① 扬声器应安装在木箱或机壳内，有利于扩展音量，改善音质，也有利于保护扬声器。

② 扬声器的长期输入电功率不应该超过其额定功率。

③ 扬声器应该远离热源。电动式扬声器磁铁长期受热会退磁，压电陶瓷扬声器的晶体受热会改变性能。

④ 多个扬声器或音箱同时使用时，它们的相位要一致，以免声压互相抵消。

⑤ 扬声器应防潮，特别是纸盆扬声器要避免纸盆变形，破损。

⑥ 电动式扬声器严禁装机和振动，以免失磁，变形而损坏。

(2) 传声器使用注意事项

① 录音时，应选用电容式或性能好的动圈话筒：广播和宣传可用一般动圈式或驻极体话筒；在噪声环境中，应选用方向性强的话筒。

② 声源与话筒距离要适当，普通动圈式传声器一般为20cm左右，过近声音含糊不清，过远噪声过大；动圈式近讲传声器距离可近些；灵敏度高的传声器（如电容传声器）距离应远些。

③ 高质量话筒应选用双芯绞合隔离线，一般话筒可用单芯隔离线，要注意平衡和不平衡连接。传输线不宜过长，高阻话筒不宜超过5m，低阻话筒不宜超过50m。

④ 声源与话筒角度应尽量小，最好以中心为准，以减小失真。

⑤ 几只话筒同时使用时，不能直接并联，而应自前置放大后再予以合并或使用话筒集线器，并注意各话筒相位一致。

⑥ 话筒应尽量远离扬声器，避免声反馈而产生啸叫。

11.2 怎样选用电声器件

11.2.1 扬声器和耳机的选用

(1) 扬声器的选用

选用扬声器时，应着重考虑额定阻抗、额定功率、频响范围、谐振频率、灵敏度、失真度、总品质因数等指标。

常用扬声器的额定阻抗值有 4Ω、6Ω、8Ω、16Ω 等。低音扬声器的阻抗值决定着音箱的额定阻抗，也关系到功率放大器的输出功率及阻抗匹配、扬声器的额定阻抗与额定功率，均应与功率放大器的输出阻抗与输出功率相匹配，否则会损坏扬声器或功率放大器。

全音域扬声器的频响范围为 $20\mathrm{Hz}\sim20\mathrm{kHz}$，低音扬声器的频响范围要求为 $20\mathrm{Hz}\sim3\mathrm{kHz}$，中音扬声器的频响范围为 $500\mathrm{Hz}\sim5\mathrm{kHz}$，高音扬声器的频响范围在 $2\sim20\mathrm{kHz}$。相同口径的低音扬声器，应选择谐振频率低的那种。

所选扬声器的灵敏度应在 $86\mathrm{dB}/(\mathrm{m \cdot W})$ 以上，高、低音单元的灵敏度应相近，失真度越低越好。低音扬声器总品质因数 Q_{TS} 值应选在 $0.3\sim0.7$ 之间。

扬声器的振膜材料决定重放音色的表现，纸盆（或羊毛盆、松压盆）低音扬声器与软球顶高音扬声器重放的声音柔和、温暖，而玻纤盆、PP 盆低音扬声器和硬球顶高音扬声器重放的声音靓丽，动感较强。应根据具体要求来选择。

(2) 耳机的选用

① 根据需求选用耳机的类型

袖珍收音机、小影碟机等设备上使用的耳机，应选头戴式或耳塞式高保真立体声动圈式耳机。耳聋助听器用耳机，一般应选用高灵敏度、重放语言清晰的单声道动圈式耳塞机或电容式耳塞机。

密封放音的场合（例如录音棚等），可选带不通气耳罩的护耳式抗干扰高保真耳机。一般欣赏音乐用耳机，可选用带透气耳罩的高保真耳机、耳塞式耳机或耳挂式耳机。

②　选择耳机的主要参数

高保真耳机的频响范围应为 20Hz～20kHz，灵敏度应大于 90dB/m/W，谐波失真应小于 1‰，阻抗有 4Ω、8Ω 和 16Ω。助听器用耳塞机一般为 300Ω 以上的高阻抗，其灵敏度应大于 100dB/m/W，谐波失真应小于 0.5‰，频率范围应为 10Hz～22kHz。

③　通过实际试听来选用合适的耳机

选好耳机的种类和型号后，还要用高质量的放音设备（例如立体声放音机、CD 随身体、助听器等）通过试听比较，最终选用一款换音效果好的耳机。

11.2.2　传声器的选用

(1)　根据使用要求选用传声器的类型

演唱用传声器可选用单指向性的动圈式传声器、电容式传声器或无线传声器。普通演唱传声器的频响范围应为 50Hz～11kHz，专业演员用传声器的频响范围应为 20Hz～20kHz。

会议扩声与普通语言广播用传声器，可选用单向动圈式传声器或全指向性窄带低噪声动圈式传声器，频响范围应为40Hz～14kHz。

影视播音、音乐录音用传声器，可选用高质量动圈式传声器或单指向性电容式传声器。声学测量用传声器可选用精密电容式传声器。

收录机、电话机用传声器，可选用驻极体式传声器。

(2)　选用传声器的输出阻抗

传声器有高阻抗传声器和低阻抗传声器之分。选用时，应尽可能与音频放大器的输入阻抗相匹配，否则会影响传声质量。

11.2.3　蜂鸣器的选用

报警器、门铃、定时器、儿童玩具、电子时钟等装置，可以选用压电式蜂鸣器或电磁式蜂鸣器。计算机（电脑）、寻呼机、复印机、打印机等装置，可选用电磁式蜂鸣器。

压电式蜂鸣器内置多谐振荡器，只要为其接通合适的直流工作电源，即可振荡发声。电磁式蜂鸣器分为"自带音源"和"不带音源"两种类型。"自带音源"的电磁式蜂鸣器内置集成电路，它不需要外加任何音频驱动电路，只要接通合适的直流工作电源，即可发声。而"不带音源"的电磁式蜂鸣器类似于一只微型扬声器，需要外加音频驱动电路才能发声。压电陶瓷蜂鸣片的外形结构及电路符号如图 11-5 所示。

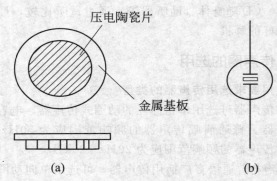

压电陶瓷片

金属基板

(a)   (b)

图 11-5   压电陶瓷蜂鸣片的外形结构及电路符号

　　"自带音源"的电磁式蜂鸣器根据工作电压的不同，又分为 1.5V、3V、6V、9V、12V 五种规格，可根据应用电路的工作电源来选用合适的型号。"不带音源"的电磁式蜂鸣器，其直流阻抗有 16Ω、42Ω 和 50Ω 等规格，选用时应注意与驱动电路相匹配。

11.3　声电器件的检测方法

11.3.1　扬声器和耳机的检测方法

(1) 扬声器的检测方法

　　一般在扬声器磁体的标牌上都标有阻抗值，但有时也可能遇到标记不清或标记脱落的情况。因为一般电动扬声器的实测电阻值约为其标称阻抗的 $80\% \sim 90\%$，一只 8Ω 的扬声器，实测铜阻值约为 $7.2 \sim 11.5\Omega$，所以可用下述方法进行估测。

将万用表置于"R×1"挡，调零后，测出扬声器音圈的直流铜阻 R，然后用估算公式 $Z = 1.17R$ 即可估算出扬声器的阻抗。例如，测得一只无标记扬声器的直流铜阻为 6.8Ω，则阻抗 $Z = 1.17 \times 6.8 = 8\Omega$。

扬声器是否正常，除可用以上方法测其阻抗外，还可用以下方法进行简易判断。

 操 作

方法是：将万用表置 R×1 挡，把任意一只表笔与扬声器的任一引出端相接，用另一只表笔断续触碰扬声器另一引出端，此时，扬声器应发出"喀喀"声，指针亦相应摆动。如触碰时扬声器不发声，指针也不摆动，说明扬声器内部音圈断路或引线断裂。

(2) 耳机的检测

用万用表就可方便地检测耳机的通断情况。对双声道耳机而言，其插头上有 3 个引出端，插头最后端的接触端为公共端，前端和中间接触端分别为左、右声道引出端。

操 作

检测时，将万用表置"R×1"挡，将任一表笔接在耳机插头的公共端上，然后用另一表笔分别触碰耳机插头的另外两个引出端，相应的左或右声道的耳机应发出"喀喀"声，指针应偏转，指示值分别为 20W 或 30W 左右，而且左、右声道的耳机阻值应对称。如果在测量时耳机无声，万用表指针也不偏转，说明相应的耳机有引线断裂或内部焊点脱开的故障。若指针摆至零位附近，说明相应耳机内部引线或耳机插头处有短路的地方。若指针指示阻值正常，但发声很轻，一般是耳机振膜片与磁铁间的间隙不对造成的。

11.3.2 传声器的检测方法

(1) 动圈式传声器的检测

动圈式传声器的检测主要是用万用表的电阻挡测量输出变压器的初次级线圈和音圈线圈。

 操 作

先用两表笔断续碰触传声器的两个引出端，传声器中应发出清脆的"咔咔"声。如果无声，则说明该传声器有故障，应该对传声器的各个线圈做进一步的检查。

测量输出变压器的次级线圈，可以直接用两表笔测量传声器的两个引出端，若有一定阻值，说明该次级线圈是好的，需要检查输出变压器的初级线圈和音圈线圈的通断。

检查输出变压器的初级线圈和音圈线圈时，需要将传声器拆开，将输出变压器的初级线圈和音圈绕组断开，再分别测量输出变压器的初级线圈和音圈线圈的通断。

(2) 驻极体电容式传声器的检测

在场效应管的栅极和源极间有一只二极管，故可利用二极管的正反向电阻特性来判断驻极体传声器的漏极与源极。

 操 作

具体方法是：将万用表拨至"R×1k"挡，将黑表笔接任意一点，红表笔接另外一点，记下测得的数值；再交换两表笔的接点，比较两次测得的结果，阻值比较小的一次，黑表笔接触的点为场效应管的源极，红表笔接触的点为场效应管的漏极。

极性判别完后，将万用表的黑表笔接传声器的漏极（D），红表笔接传声器的源极（S）和外壳（地），用嘴吹传声器，观看万用表的指示，若无指示，说明传声器已失效；有指示则传声器正常。指示范围越大，传声器灵敏度越高。驻极体电容式传声器的检测可用万用表的电阻挡来检测。对两端式驻极体电容式传声器而言，用黑表笔接传声器的 D 端，红表笔接地端，此时，用嘴对准传声器吹气，万用表的指针应有指示。同类型的传声器比较，指示范围越大，说明该传声器的灵敏度越高。如果无指示，说明传声器有问题。

（3）无线传声器的检测

操 作

无线传声器的检测方法：将无线传声器接入一个功放中，用示波器对传声器的输入端进行监测，当对着传声器讲话时，示波器应该有微弱的音频信号出现，若没有信号出现，则说明该传声器有问题。

将传声器拆开，很容易看出其内部结构，一般都是线圈断路所导致的故障。有时，只要将断路的线圈焊接好，就可以修复故障。

11.3.3 压电陶瓷发声器件的检测方法

操 作

将万用表拨至直流 2.5V 挡，将待测压电蜂鸣片平放于木制桌面上，带压电陶瓷片的一面朝上。然后将万用表的一只表笔与蜂鸣片的金属片相接触，用另一表笔在压电蜂鸣片的陶瓷片上轻轻碰触，可观察到万用表指针随表笔的触、离而摆动，摆动幅度越大，则说明压电陶瓷蜂鸣片的灵敏度越高；若万用表指针不动，则说明被测压电陶瓷蜂鸣片已损坏。

11.3.4 蜂鸣器的检测方法

外观辨别：蜂鸣器的引脚朝上放置时，有绿色电路板的是无源蜂鸣器，没有电路板而用黑胶封闭的为有缘蜂鸣器。

万用表测试法的操作步骤：

操 作

交换数字万用表的表笔分别测试蜂鸣器两引脚间的电阻值，两个方向上的电阻都较小（一般在十欧至几十欧）的为无源蜂鸣器，若两个电阻都较大，则为有源蜂鸣器。按键左右两侧的引脚在内部是分别端接的，当按键按下时左右两侧端接到一起。当按键未按下时，用万用表的表笔接触两个引脚，电阻为无穷大；当按键按下时，两引脚电阻为零。

小　结

1. 电声器件按功能可分为两大类：一类是将声音信号转换成电信号的元件，另一类是将电信号转换为声音信号的元件。

2. 扬声器、耳机和压电陶瓷片是将电信号转换为声音信号的元件，可以通过测量其电阻值来判断其质量。

3. 话筒和驻极体电容是将声音信号转换成电信号的元件，可以通过测量其电阻值来判断其质量。

第**12**章

散热器件

散热片是一种给电器中的易发热电子元件散热的装置，多由铝合金、黄铜或青铜做成板状、片状、多片状等，如电脑中 CPU 中央处理器要使用相当大的散热片，电视机中电源管、行管，功放器中的功放管都要使用散热片。一般散热片在使用中要在电子元件与散热片接触面涂上一层导热硅脂，使元器件发出的热量更有效地传导到散热片上，再经散热片散发到周围空气中去。

12.1　散热器件的基本知识

基于热源（半导体器件）和周围空气之间温差和热阻而运作的热量散失器件叫做散热器。散热器功能的实现是基于半导体器件热量传输有效面积的增加，因而散失热量也增大。

散热器件现在已经被广泛地应用于电力、电子等行业，电力电子行业所用的大型散热器件多采用铝挤压成型材，再经机械加工及表面处理（散热器件的表面处理有电泳涂漆或黑色氧极化处理，其目的是提高散热效率及绝缘性能）的方法制作，由于受挤压工艺和模具的限制，大型散热器件本身重量较重，散热器存在着较厚、间距较大等缺点，所以在单位体积内增加散热面积和效果相当困难；小型散热器件由铝合金板料经冲压工艺及表面处理制成。无论是大型散热器件还是小型散热器件都有各种形状及尺寸供不同器件安装及不同功耗的器件选用。

在使用功率器件时最重要的是如何使其产生的热量有效的散发出去，以获得高可靠性。散热的一般方法是将器件安装到散热器件上，散热器件将热量散发到周围的空气中，通过自然对流来散发热量。

适合于功率器件的散热器件最好能满足下列要求：

① 表面积尽可能的大一些；

② 散热器件表面进行阳极氧化，发黑处理；

③ 散热器件的配置应使空气易于流通，以长边取垂直方向为最佳放置方法；

④ 使用热传导率良好的铝及铜作为散热器材料；

⑤ 散热器件厚些为好，并以跟其长度平方成比例为最佳。

常见的电路板用散热器实物图，如图 12-1 所示。

 图 解

图 12-1　常用双脚电子元件散热器

12.1.1 散热器件的分类

常用散热器根据制造方法和表面处理可分为以下几种。

① 冲压散热片：常用于器件冷却。由铜或铝片冲出需要的形状。用于器件冷却或低热密度的一种低成本散热方法。适合大批量生产以降低冲制成本。

② 挤压型材散热片：型材散热片的肋片增加波纹可增加 $10\% \sim 20\%$ 的散热能力。

③ 焊接或熔铸肋片。

④ 铸型散热片。

12.1.2 散热器件的型号和命名方法

一般采用图 12-2 的方式进行规格描述。

图 解

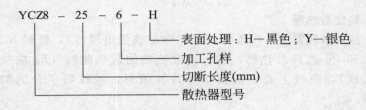

图 12-2　散热器命名结构图

12.1.3 散热器件的主要参数

散热器的参数定义如下：

R_T——总内阻，℃/W；

R_{jc}——半导体器件内热阻总内阻，℃/W；

R_{cs}——半导体器件与散热器界面间的界面热阻，℃/W；

R_{sa}——散热器内阻，℃/W；

T_j——半导体器件结温，℃

T_c——半导体器件壳温，℃；

T_s——散热器温度，℃；

T_A——环境温度，℃；

P_D——半导体器件使用功率，W；

ΔT_{sa}——散热器温升，℃。

散热计算公式：

$$R_{sa} = (T_j - T_A)/(P_D - R_{jc} - R_{cs})$$

散热器热阻 R_{sa} 是选择散热器的主要依据。T_j 和 R_{jc} 是半导体器件提供的参数，P_D 是设计要求的参数，R_{cs} 可从热设计专业书籍中查到。

(1) 计算总热阻 R_T

$$R_T = (T_{jmax} - T_A)/P_D$$

(2) 计算散热器热阻 R_{sa}或温升 T_{sa}：

$$R_{sa} = R_T - R_{jc} - R_{cs}$$

$$\Delta T_{sa} = R_{sa} \times P_D$$

(3) 确定散热器

按照散热器的工作条件（自然冷却或强迫风冷），根据 R_{sa}或 ΔT_{sa}和 P_D 选择散热器，查所选散热器的散热曲线（R_{sa}曲线或 ΔT_{sa}线），曲线上查出的值小于计算值时，就找到了合适的散热器。

对于型材散热器，当无法找到热阻曲线或温升曲线时，可以按以下方法确定：

按上述公式求出散热器温升 ΔT_{sa}，然后计算散热器的综合换热系数 α：

$$\alpha = 7.2\psi_1\psi_2\psi_3\{\sqrt{\sqrt{[(T_s - T_A)/20]}}\}$$

式中　　　　　　　　ψ_1——描写散热器 L/b 对 α 的影响（L 为散热器的长度，b 为两肋片的间距）；

ψ_2——描写散热器 h/b 对 α 的影响（h 为散热器肋片的高度）；

ψ_3——描写散热器宽度尺寸 W 增加时对 α 的影响；

$\sqrt{\sqrt{[(T_s - T_A)/20]}}$——描写散热器表面最高温度对周围环境的温升对 α 的影响；

以上参数可以查表得到。

计算两肋片间的表面所散的功率 q_0

$$q_0 = \alpha \times \Delta T_{sa} \times (2h + b)L$$

根据单面带肋或双面带肋散热器的肋片数 n 计算散热功率 PD'

单面肋片：$PD' = nq_0$

双面肋片：$PD' = 2nq_0$

若 $P_D' > P_D$ 时则能满足要求。

12.1.4 散热器件的使用注意事项

散热器件在使用过程中的注意事项如下。

① 不同型号的散热器件在不同的散热条件下会有不同的热阻，在实际使用的过程中可采用相似的结构形状（如截面积、周长）的型材组成的散热器件来代用。

② 在计算中不能取器件数据资料的最大功耗值，而要根据实际条件来计算。在数据资料中，最大结温一般为 150℃，在实际使用时要考虑气候及机箱的实际温度的选择最大结温为 125℃，环境温度小于数据资料的温度；

③ 散热器件的安装要考虑放置在有利于散热的方向，使冷空气从设备的底部进入，热空气从顶部散出，并且要在机箱或者机壳上的相应位置开设散热孔；

④ 若器件的外壳为一电极，则安装面与内部电路不绝缘，在安装时采用云母垫片来起到绝缘的作用，以防止短路。

12.2 怎样选用散热器

在实际过程中选用散热器件，首先要确定要散热的电子元器件，明确其工作参数、工作条件、尺寸大小和安装方式，选择散热器的底板大小比元器件安装面略大一些即可，因为安装空间的限制，散热器主要依靠与空气对流来散热，超过与元器件接触面的散热器，其散热效果随着与元器件的距离的增加而递减。

12.2.1 散热器的使用与安装

① 为保证功率元件与散热器有良好的接触，应尽量避免使用绝缘垫，且应保证功率元件与散热器接触面的平整与光滑。由于功率元件的外壳与散热器很难做到紧密结合，总会留有看不见的空气隙，所以在接触面之间应涂硅脂，以改善接触效果，有利于散热。

② 当功率元件的外壳与散热器之间需要绝缘时，应加装绝缘垫，但绝缘垫的厚度必须在 0.08～0.12mm 之间。

③ 功率元件应用弹簧垫圈及螺钉紧固于散热器的中央。

④ 为了增加散热器的热辐射能力，一般都进行着色处理，安装中不可将这种高辐射的涂层损坏。

⑤ 散热器最好垂直安装，不要过于贴近其他部件以利空气对流，尤其不要接近发热及怕热的元器件。

⑥ 散热器应尽量装在机壳外。当散热器装在机内时，要在散热器附近的机壳上开足够的通风孔，必要时应加风机强制对流冷却。

⑦ 选用板材散热时，不宜选用过薄的板材，其厚度应在 2～5mm。

⑧ 若功率元件的耗散功率大于 50W，应选用微型风扇进行强制对流冷却，此时可视情况适当缩小散热器面积 2～4 倍。

12.2.2 风机的选用

（1）简介

在电子设备中常常会使用风机，其目的主要有两个：一是使电子设备内形成一定的气流走向，例如在红外烘手机中采用风机将电热丝产生的热量以热风的形式向外输送，又如臭氧空气净化机中的风机是用来形成从空气到臭氧的气流，风机可不断向臭氧发生器提供空气中的氧，它同时又把臭氧发生器产生的臭氧排向空间；二是对电子设备或电子设备中的功率元件进行强制空气对流，以改善散热条件。

电子设备中使用的风机可分为轴流风机和离心风机两类，使用较多的是轴流风机。

（2）无刷直流轴流风机

无刷直流轴流风机采用新型无刷直流电机，与风叶和外壳构成一体，可通过法兰盘与散热器或其他组件实现安装。无刷直流轴流风机具有风量大、噪声低、振动小、电磁干扰小、耗电省、效率高、使用安全、安装方便以及体积小等特点，可广泛应用于电子仪器仪表、自动控制设备、计算机系统、办公自动化系统等配有直流电源的场合，作通风散热使用。

(3) 工频轴流风机

工频轴流风机采用小型交流电机，与风叶和外壳构成一体，可通过法兰盘与散热器或其他组件实现安装。工频轴流风机具有噪声低、振动小、工作可靠、体积小、安装方便等特点，适用于自动控制装置、计算机系统、自动化办公系统、医疗设备及各种电子设备，作通风散热之用。

12.2.3 铝型材散热器

铝型材散热器相对于其他材料的散热器的优势在哪里呢？铝合金有很高的导热性是保持良好散热功能和热能转换的保障。所以铝型材散热器的特点就是用时少、效率高、轻巧和便于加工。同样大小的散热器，铝型材散热器是钢制散热器重量的三分之一。

而且铝型材的硬度相对于钢材弱太多而且容易挤压成各种样式的散热器，所以铝型材散热器外观新颖，装饰性很强。而且因为铝氧化后会在表面形成氧化铝，而这层氧化铝就是铝型材散热器最好的保护膜，它不怕氧化腐蚀，价格也不高。

从制作散热器的材料上来讲，铝合金无论是节能、节材、装饰、环保、价位、重量等方面来讲都占有优势。从防腐上讲其他材料还要经过繁琐的工序才能做到防腐而铝型材散热器的表面直接形成氧化铝的保护膜。所以铝合金是做散热器最好的材料。

12.2.4 插片散热器

随着电子产品的兴旺发达，为插片散热器带来了巨大的市场需求。同时，随着电子生产技术的不断进步，对插片散热器的散热性能提出了更高的需求，插片散热器的散热计算方式也备受关注。

目前的电子产品主要采用贴片式封装器件，但大功率散热片及一些功率模块仍然有不少用穿孔式封装，这主要是可方便地安装在插片散热器上，便于散热。进行大功率器件及功率模块的散热计算，其目的是在确定的散热条件下选择合适的插片散热器，以保证器件或模块安全、可靠地工作。

插片散热器（或称散热片）由铝合金板料经冲压工艺及表面处理制成，而大型散热器由铝合金挤压形成型材，再经机械加工及表面处理制成。它们有各种形状及尺寸供不同器件安装及不同功耗的器件选用。插片散热器一般是标准件，也可提供型材，由用户根据要求切割成一定长度而制成非标准的散热器。

任何器件在工作时都有一定的损耗，大部分的损耗变成热量。小功率器件损耗小，无需散热装置。而大功率组合散热器损耗大，若不采取散热措施，则管芯的温度可达到或超过允许的结温，器件将受到损坏。因此必须加插片散热器装置，最常用的就是将功率器件安装在插片散热器上，利用插片散热器将热量散到周围空间，必要时再加上散热风扇，以一定的风速加强冷却散热。

在某些大型设备的功率器件上还采用流动冷水冷却板，它有更好的散热效果。散热计算就是在一定的工作条件下，通过计算来确定合适的散热措施及插片散热器。功率器件安装在散热器上。它的主要热流方向是由管芯传到器件的底部，经散热器将热量散到周围空间。若没有风扇以一定风速冷却，这称为自然冷却或自然对流散热。

通过产品散热器计算方式，让我们对插片散热器的具体散热数据有了更加充分的了解，有利于在电子产品设计时提供更加充分的了解，为插片散热器的功能改进做出充足的数据分析。

第13章

Chapter 13

开关器件

开关解释为开通和关闭。它指一个可以使电路开路、使电流中断或使其流到其他电路的电子元件。最常见的开关是让人操作的机电设备，其中有一个或数个电子接点。接点的"闭合"表示电子接点导通，允许电流流过；开关的"开路"表示电子接点不导通形成开路，不允许电流流过。开关是电器设备中用于完成接通和断开（开关）必不可少的元件，除了常用的机械开关之外，还广泛采用电子开关、遥控开关和接近开关等各种各样的开关。

13.1 开关的基本知识

13.1.1 开关的分类

电气设备中的开关是多种多样的，可以有很多分类方法，以用途可以分为电源开关、波段开关、微动开关及其他功能的开关等。

(1) 电源开关

电源开关是接通电器装置电源用的，最常用的是钮子开关、拨动开关、平移拨动式开关及按键式开关等。常用电源开关的外形如图 13-1 所示。

根据其接点数目，可分为单刀双掷开关、双刀双掷开关等几种。"单刀"表示只有一个接点，它只是接通或断开电源的一条线；而"双刀"开关是同时接通或切断电源的两条线。家用电器一般采用市电 220V，用作交流电源的开关耐压一般应大于 250V。开关允许通过的电流，根据电气装置的功率决定，一般有 1A、1.5A、

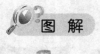图解

图 13-1　常用电源开关的外形图

2.5A、3A、5A、10A 等多种。更换电器装置中的电源开关时，主要注意的是必须满足上述的电压和电流要求。至于形式上的选择则只要能适应安装或装饰上的要求即可。

（2）微动开关

微动开关通常有一组接点，基本上属于单刀双掷式，平时一个接点断开一个节点连通，当按下微动钮时，原来接通的触点断开，而原来不接通的接点接通。当外力消失时，开关接点又恢复原来状态。微动开关在电气装置中常用来做限位开关。例如电机等带动的电器到达某一规定位置时，有机械推动微动开关，切断电源电机停转（电动窗帘上可采用限位开关来控制电机的停转）。微动开关还常用于启动继电器的触发开关。部分微动开关的外形和种类如图13-2 所示，其中（a）、（b）、（c）为基本型微动开关；（d）、（e）、（f）为簧片微动开关；（h）、（h）、（i）为簧片滚轮式行程开关。

（3）轻触按键开关

轻触按键是按键产品下属的一款分类产品，它其实相当于是一种电子开关，只要轻轻地按下按键就可以使开关接通，松开时是开关就断开连接，实现原理主要是通过轻触按键内部的金属弹片受力弹动来实现接通和断开的。

轻触按键由于微动开关的特性以及体积小、质量轻的优势在家用电器方面得到了广泛的应用，应用有：电视机按键、DVD 按键、电脑按键、光驱按键、键盘按键、显示器按键、照明按键等。

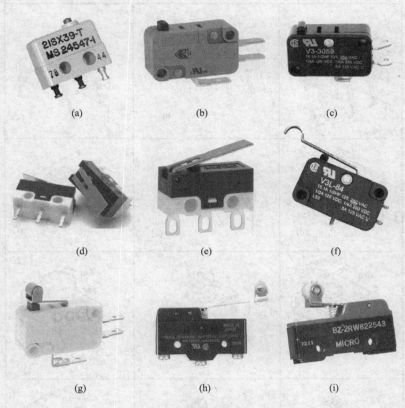

(a) (b) (c)

(d) (e) (f)

(g) (h) (i)

图 13-2　微动开关的外形图

　　其主要特性结构有：超小超薄，方形结构，有 6mm 以及 12mm 两款大小；采用便于经典对策的带接地端子；备有可安装键顶的凸出性柱塞；采用密封构造，即使在有尘埃较多的环境或者有水的环境也能够得到高可靠性的保障。

　　图 13-3 为部分轻触按键开关尺寸图片；图 13-4 为部分轻触按键开关实物图片。

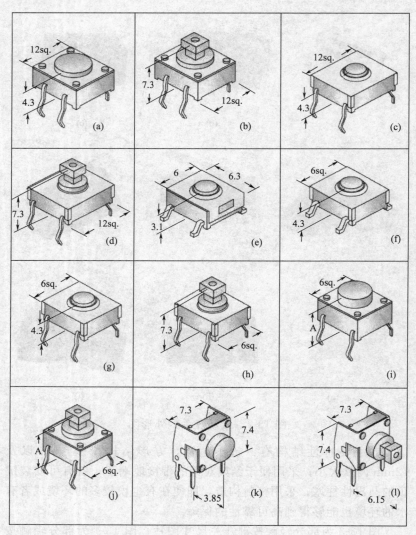

图 13-3 部分轻触按键开关尺寸图片

图 13-4　部分轻触按键开关实物图片

（4）波段开关

　　波段开关主要用在收音机、收录机、电视机和各种仪器仪表中，一般为多极多位开关，它的各个触片都固定在绝缘基片上。波段开关是收音机或收录机中用于变换波段或变化功能（由收音机变为录音或由录音变为放音等功能）用的开关。它有很多组接点，可以同时接通或切断很多组接点，完成多个接点同步转换的功能。常用的波段开关有旋转式、琴键式、拨动式等几种。各种波段开关的外形如图 13-5 所示。它们的接点数和开关位置用两个数字相乘表示。例如 6×2，表示 6 刀 2 掷，8×5 表示 8 刀 5 掷等。

 图 解

图 13-5　部分波段开关的实物图

波段开关在收音机里，作用是改变接入振荡电路的线圈的圈数。收音机的输入电路是一个电感与电容组成的振荡电路，不连续地改变电感量就可以改变振荡电路的固有频率范围，也就是改变接收波段。波段开关的国产型号有：KB××，KZ××，KZX××，KHT××，KC××，KCX××，KZZ 等，凡是有 Z 的为纸胶板型，有 C 的为瓷质型，有 H 的为环氧玻璃布板型，有 X 的为小型波段开关。目前数字波段开关的应用日趋广泛，涉及数控机床、数控设备和精密仪表。

通常开关由两个接触点构成：其中有一个可以移动的触点，这个触点称为刀片触点，与这个触点相连的引脚就是刀片引脚；另一个触点就是定触点，与该触点相连的引脚就是定片引脚，开关触点与引脚如图 13-6 所示。

图 解

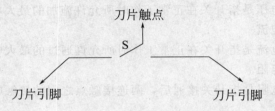

图 13-6　开关触点与引脚

图 13-7 所示是开关的电路符号。这一开关电路符号表示了多个识图信息，它表示了该开关有两根引脚，在电路符号中还明确表示了一根为定片引脚（与定片触点相连），一根为刀片引脚（与刀片触点直接相连），刀片在开关转换过程中能够改变接触位置。

图 解

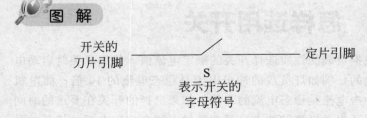

图 13-7　开关的电路符号

不同的开关器件具有不同的电路符号，但是各种开关的电路符号都能够准确地表达下列两点识图信息：

① 能够表示开关器件有几根引脚，如果是多组开关能表示每组开关中有几根引脚；

② 能够表示有几个刀片，一个或多个，从而可以识别是几刀几掷的开关器件。

13.1.3 开关的主要参数

开关的主要参数有额定电压、额定电流、接触电阻、绝缘电阻及寿命等。

(1) 额定电压

额定电压是指开关在正常工作时所允许施加的最大电压。

(2) 额定电流

额定电流是指开关在正常工作时所允许通过的最大电流。

(3) 接触电阻

接触电阻是指开关接通后，两连接触点之间的接触电阻值。该值越小越好。

(4) 绝缘电阻

绝缘电阻是指不想接触的开关导体之间的电阻值或开关导体与金属外壳之间的电阻值。

(5) 寿命

寿命是指开关在正常工作条件下的有效工作次数。

13.2 怎样选用开关

应根据负载的性质选择开关的额定电流值。使用开关时启动电流是很大的，例如灯负载的冲击电流是稳态电流的 10 倍；而电机负载的冲击电流是稳态电流的 6 倍。如果选择的开关在要求的时间内承受不了启动电流的冲击，开关的触点就会出现电弧，使开关触点烧焊在一起或因电弧飞溅而造成开关的损坏。

开关应用电路最高电压应小于开关额定电压。

用于市电电源的开关应注意它的绝缘电阻，最好选用非金属操作零件的开关。

　　由于开关在接通和断开电路时，触点接合的好坏会直接影响电路负载。在设计电路时应选用接触电阻小的开关；在设计小功率电路时，必要时应选用带金属的触点开关。

　　由于开关用途极广，对于机械寿命和电气寿命的选择应根据使用的场合而定。在开关频繁开启、关断且负载不大的场合，选择开关时应着重于它的机械寿命；在开关承受较大功率的场合，则选择开关时应着重于它的电气寿命。

13.3　开关的检测方法

13.3.1　直观检测法

　　直观测量法检测开关器件的方法比较简单，直接观察开关操纵柄是否松动，是否能够正常转换到位。

13.3.2　万用表检测法

(1)　检测开关触点是否接触良好

　　开关的触点是否接触良好，可用万用表 R×1 挡来测量判断。当旋动或按动开关使其处于接通状态时，其各组常开触点应闭合，测量各常开触点的接触电阻值为 0Ω。将开关置于关断位置时，其常开触点应断开，接触电阻值应变为无穷大。若开关在接通状态下，其常开触点有一定的接触电阻值（不为 0）且不稳定，则说明该开关接触不良。

(2)　检测开关是否漏电

　　将万用表置于 R×10k 挡，测量开关各触点的外部引脚与外壳之间、各组独立触点之间的电阻值（开关应处于断开状态），正常值均应为无穷大。若测出一定的电阻值，则说明该开关存在漏电故障。

第14章

保险器件

为保证元器件工作在正常额定工作状态，我们常常添加保护电路，限制其工作电压和工作电流，当电压或电流过大时，保护电路便自动断开。这样，保险丝、保险管、保险片等保险器件便应运产生了。

14.1 保险器件的基本知识

任何电子元器件在工作时，都需要加电，而且大多数元件都有自己的额定工作电压、额定工作电流和最高限制电压、最大限制电流。当元器件工作在额定工作状态时，能够正常工作；而当其工作电压或电流超过其最大限制时，元器件便不能正常工作，甚至有可能将元器件烧坏。另外，由于器件被烧坏，也常常引发火灾等其他恶性事故。因此，为保证元器件工作在正常额定工作状态，我们常常添加保护电路，限制其工作电压和工作电流，当电压或电流过大时，保护电路便自动断开。这样，保险丝、保险管、保险片等保险器件便应运产生了。保险器件是电子装置中必不可少的保护元件。保险器件主要包括各种保险丝和熔断电阻。保险丝也称为熔丝，是一种常用的一次性保护器件，主要用来对电子设备和电路进行过载或短路保护。

保险丝的作用是在外部电压过高，电子装置内部发生故障及过载过热时，保险器件发生作用能有效避免发生危险及烧毁。保险丝的保护作用是一次性的，一旦熔断就失去了作用，应在故障排除后更换新的相同规格的保险丝。早期的保险器件主要是保险丝，现在随着电子元器件的发展也产生了多种用途的保险器件。

保险丝的文字符号为"FU"，图形符号如图 14-1 所示。

图 14-1　保险丝的图形符号

保险丝的主要参数是额定电压和额定电流。

(1) 保险丝的额定电压

保险丝的额定电压是指保险丝在长期正常工作时所能承受的最高电压。例如，250V、500V 等。

(2) 保险丝的额定电流

保险丝的额定电流是指保险丝在长期正常工作时所能承受的最大电流。例如，0.25A、0.5A、0.75A、1A、2A、5A、10A 等。

保险丝的额定电压和额定电流一般会直接标注在其外壳上。

保险丝由金属或合金材料制成，在电路或电子设备正常工作时，保险丝应该串接在被保护的电路中，并应接在电源相线的输入端，如图 14-2 所示。保险丝相当于一截导线，对电路本身没有影响。当电路或电子设备发生短路或过载时，流过保险丝的电流剧

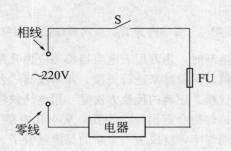

图 14-2　保险丝在电路中的使用

增，超过保险丝的额定电流，致使保险丝急剧发热而熔断，切断了电源，从而达到保护电路和子设备、防止故障扩大的目的。

保险器件的分类

保险器件的种类较多，外形各异。通常包括保险丝、保险管、保险片等。常用的保险丝可分为普通玻璃管保险丝、快速熔断保险丝、延迟熔断保险丝、温度保险丝和可恢复保险丝等；此外，保险器件还包括各种熔断电阻。

常用的几种保险器件如下。

（1）普通玻璃管保险丝

普通玻璃管（陶瓷管）保险丝是使用最为广泛的保险丝，将两个金属帽固定在玻璃管的两端，熔断丝在两个金属帽之间（图 14-3）。普通玻璃管保险丝的长度为 15mm 和 25mm，直径为 3mm，额定电流有 0.1A、0.3A、0.5A、1A、…、10A 等多种。

图 解

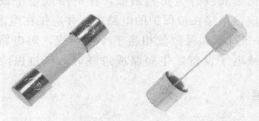

图 14-3　普通陶瓷管、玻璃管保险丝实物图

当保险丝熔断时，用万用表电阻挡检测应为开路，此时，应该选取相同电流值的保险丝来进行更换。如果没有适合的保险丝，可用细铜丝进行代换。正确的代换方法是：用电烙铁将保险丝两端的焊锡熔化，甩掉焊锡会露出一个小孔，从小孔中穿入相应的铜丝，再用焊锡将两端焊牢，就成为一个新的保险丝管了。对于不同大小的电流，相应的细铜丝的直径不同，其对应关系如表 14-1 所示。

表 14-1　保险丝电流与代用铜丝直径对照表

保险丝额定电流 /A	0.5	0.75	1.0	1.5	2.0	2.5	3.0	4.0	5.0
代用铜丝直径 /mm	0.04	0.05	0.06	0.08	0.09	0.10	0.11	0.13	0.15

(2) 快速熔断保险丝

普通保险丝虽然应用广泛，但其由于在过载时熔丝的断开时间较长，因此对过电压和过电流能力较差的半导体器件起不到保护作用。

快速熔断保险丝是指集成电路过流保护管（ICP管），其外形和一般的半导体三极管相似，但是只有两个引线。在应用电路中，直接把其焊在印刷电路板上，其熔断速度极快，可以对集成电路等半导体器件实现有效的保护。

(3) 延迟型保险丝

一旦电流超过额定值，一般保险丝将很快熔断从而起到电路的保护作用。但是，有些电路中（比如整理电路输入或者彩色电视机中的消磁电路），再接通的瞬间浪涌电流十分大，可能达到正常工作电流的 5～7 倍，因此在开机的瞬间，保险丝将熔断；如果加大保险丝的熔断电流值，在正常的工作时若发生故障将起不到保险作用。

延迟型保险丝可以经受住瞬时的过电流，但对较长时间过电流会起到保护作用。延迟型保险丝的电路符号为"T"，例如保险丝外壳上标注的"T3.5A"表示此延迟型保险丝可以长时间经受3.5A 大小的电流。

(4) 温度保险丝

温度保险丝（图 14-4）通常安装在电机、变压器、电磁炉、电饭煲和功率晶体管附近，当其周围的温度超过它的保护数值时，保险丝熔断，电路将停止工作。温度保险丝不是对电流过载产生保护的保险丝，而是针对电子元器件发生温度过热时起保护作用的保险丝。在其外壳上一般会标出额定电流和保护温度。

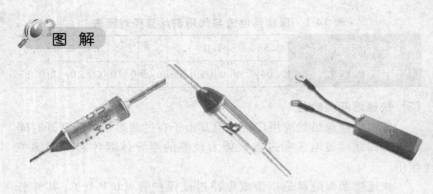

图 14-4　部分温度保险丝实物图

(5) 可恢复保险丝

一般的保险丝都是一次性的，也就是说，一经损坏就需要进行更换。可恢复保险丝是由正温度系数（PTC）的高分子聚合材料与导电材料混合压制而成的，顾名思义，这种保险丝是可以反复使用的限流型保护器件。

目前，国内常用的可恢复保险丝为 RXE 系列产品，RXE 系列可恢复保险丝广泛用于高档音响的扬声器保护电路和其他过电流保护电路。RXE 系列可恢复保险丝的主要技术参数如表 14-2 所示。

表 14-2　RXE 系列可恢复保险丝主要技术参数

参数名称 （参数值型号）	保持电流 /A	触发断开最大 时间 /s	原始阻抗	
			最低 /Ω	最高 /Ω
RXE010	0.10	4.0	2.50	4.50
RXE017	0.17	3.0	3.30	5.21
RXE020	0.20	2.2	1.83	2.84
RXE025	0.25	2.5	1.25	1.95
RXE030	0.30	3.0	0.88	1.36
RXE040	0.40	3.8	0.55	0.86

参数名称 （参数值型号）	保持电流 /A	触发断开最大 时间 /s	原始阻抗	
			最低 /Ω	最高 /Ω
RXE050	0.50	4.0	0.50	0.77
RXE065	0.65	5.3	0.31	0.48
RXE075	0.75	6.3	0.25	0.40
RXE090	0.90	7.2	0.20	0.31
RXE110	1.10	8.2	0.15	0.25
RXE135	1.35	9.6	0.12	0.19
RXE160	1.60	11.4	0.09	0.14
RXE185	1.85	12.6	0.08	0.12
RXE250	2.50	15.6	0.05	0.08
RXE300	3.00	19.8	0.04	0.06
RXE375	3.75	24.0	0.03	0.05

(6) 熔断电阻

熔断电阻也称为保险电阻，它同时具有电阻和保险丝的双重功能，其文字符号为"RF"。在需要限流的电路中应用较为广泛，阻值从零点几欧至几千欧，具体大小依照电路需要而定。

14.1.2 保险器件的使用注意事项

选择保险器件的型号、规格等要根据具体电路的电路参数、使用环境条件以及其他一些具体要求确定。保险器件的种类繁多，常用的保险丝可分为普通玻璃管保险丝、快速熔断保险丝、延迟熔断保险丝、温度保险丝和可恢复保险丝等；此外，保险器件还包括各种熔断电阻。不同的应用电路应选择适合自己的保险器件，这就要求我们要根据具体电路来选用保险器件。

注 意 ⚠

在确定了保险器件的类型后，还要注意保险器件的额定电压值、额定电流值、环境温度等电参数的选择，从而保证在危险及错误发生时，保险器件在电路中最大限度地起到保护作用。

14.2 怎样选用保险器件

14.2.1 保险丝的选用

（1）根据具体电路选择

保险器件多种多样，在选用时我们除了要考虑保险器件的电参数要符合所用电路的要求之外，还应该根据具体的电路来选择合适的保险器件。

普通电源电路可以选用普通玻璃管保险丝或者快速熔断保险丝；对于开机瞬时电流较大的电子产品，应该选用延迟式保险丝或者可恢复保险丝。

（2）正确选择保险器件的电参数

在实际电路选用保险器件时，应该注意该保险器件的电参数是否符合要求，一般需要注意的电参数有额定电压值、额定电流值、环境温度和反应速度等。例如，当选用可恢复保险丝时，我们不仅要考虑以上参数，还应考虑其最大承受电压、触发电流、维持电流（一般为触发电流值的 1/2）、触发断开的最大时间和初始阻抗等参数；当选用一般的不可恢复保险丝时，应注意其额定电流值应高于电路工作电流的 30％，额定电压值必须大于或等于有效的电路电压。

14.2.2 温度保险元件的选用

选用温度保险丝时，应注意其额定温度必须与应用电路的保护温度相符。当额定温度过低时，电路会出现误动作；若额定温度过高，则起不到保护作用。对于对温度要求较高的电路，比如那些易发热的电子产品（电动机、电饭锅、电吹风、变压器和大功率管等），应使用温度保险丝。

14.3　保险器件的检测方法

14.3.1　保险丝的检测方法

普通的保险丝和温度保险丝是否熔断，可以通过直观检查的方法和万用表电阻挡测量来判断。

普通保险丝熔断后，一般从玻璃管外面可以看到其内部熔丝已熔断的痕迹，而热熔断器从外观上很难判断其是否已熔断，只能用万用表来测量。测量时，将万用表置于"R×1"或者"R×10"挡，表笔分别与待测保险丝的两端金属帽相连接，此时，其阻值应为 0Ω，万用表的读数应为零值。如果万用表的表针不动，则说明此时待测保险丝的阻值为∞，表明此保险丝已熔断；如果有较大的阻值或者表针指示不稳定，则说明该保险丝的性能不良。

14.3.2　熔断电阻的检测方法

根据熔断电阻的阻值大小将万用表置于适当挡位，两表笔分别与被测熔断电阻的两引脚相接，其阻值应基本符合该熔断电阻的标称阻值。如果万用表的表针不动，则说明该熔断电阻的阻值为无穷大，表明该熔断电阻已熔断；如果有较大的阻值或者表针指示不稳定，则说明该熔断电阻的性能不良。

 小　结

保险器件主要包括各种保险丝和熔断电阻。

保险丝也称为熔丝，其文字符号为"FU"，是一种常用的一次性保护器件，主要是对电子设备或者电路短路和过载进行保护；熔断电阻又称为保险电阻，其文字符号为"RF"，是一种同时具有电阻和保险丝的双重功能。

　　一般的保险丝都是一次性的，也就是说，一经损坏就需要进行更换。可恢复保险丝是由正温度系数（PTC）的高分子聚合材料与导电材料混合压制而成的，顾名思义，这种保险丝是可以反复使用的；温度保险丝受环境温度控制而动作，是一种一次性的过热保护器件。

　　保险丝的主要参数是额定电压和额定电流等。选用时，要注意保险丝的这些电参数是否能够符合应用电路的要求。可以用万用表的电阻挡来对待测的保险丝进行质量好坏的检测。

第15章

表面贴装元器件

表面贴装元器件 SMC/SMD（Surface Mount Components/Surface Mount Devices）是电子设备微型化、高集成化的产物，是一种无引线或短引线的新型微小型元器件，适合安装于没有通孔的印制板上，是表面组装技术（SMT）的专用元器件。目前，片状元器件已在计算机、移动通信设备、医疗电子产品等高科技产品和摄录一体机、彩电高频头、VCD 机、DVD 机等电器设备中得到了广泛的应用。

15.1 表面贴装元器件的分类

在表面贴装技术生产的过程中，我们会接触到各种各样的电子物料，通常将这些物料分为 SMT 元件（也称 SMC，包含表面贴装电阻、电容、电感等）和 SMT 器件（也称 SMD，包含表面贴装二极管、三极管、插座、集成电路等）两大类（表 15-1）。

由于贴片元件的体积非常小巧，在元器件封装的表面根本写不下类似常规元器件那样的型号，因此越来越多的贴片元器件生产商开始使用只有两三个字符的识别代码来代替常规元器件中的型号。下面就我们常用的电子元器件电阻、电容、电感、二极管、三极管等给出相应的介绍。

15.1.1 表面贴装电容

表面贴装电容在电子线路中用 ┤├ 或 ┤├ 表示，以字母 C 代表。基本单位为法拉，符号为 F。常用的单位有微法（μF）、纳法（nF）、皮法（pF）等，相互之间的换算关系为：

表 15-1   表面贴装元件分类表

	电阻器类	厚膜电阻器、薄膜电阻器、热敏电阻器、电位器等
片式无源元件	电容器	叠层陶瓷电容器、片式钽电解、有机薄膜电容器、云母电容器、片式钽电容等
	电感器	叠层电感器、线绕电感器、片式变压器等
	复合元件	电阻网络、滤波器、谐振器
有源器件	分立元件	二极管、三极管、晶体振荡器等
	集成电路	片式集成电路、大规模集成电路等
机电元件	开关、继电器	钮子开关、轻触开关、簧片继电器等
	连接器	片式跨接线、圆柱形跨线、接插件连接器等
	微电机	薄型微电机等

$$1F = 10^6 \text{ 微法 } (\mu F) = 10^9 \text{ 纳法 } (nF) = 10^{12} \text{ 皮法 } (pF)$$

表面贴装电容根据使用材料的不同分类较多,比较常用的有多层陶瓷电容、独石电容、电解电容(铝电解电容和钽质电容)等,其主要参数为:容值、尺寸、误差、温度系数、耐压值和包装方式等。贴片电容如图 15-1、图 15-2 所示。

(1)容值

贴片电容的容值因所用的介质不同而各异,如独石电容的容值范围是 $0.5pF \sim 4.7\mu F$;多层陶瓷电容的范围是 $0.5pF \sim 47\mu F$;而电解电容的容值通常是 $1\mu F \sim 470\mu F$。容值的表示方法有直接表示法和三位数表示法,直接表示法直接给出电容的容值,如:$4.7\mu F$、$33\mu F$ 等;三位数表示法是指用三位数字表示出电容的容值,其中第一、二位为有效数字,第三位为在有效数字后添加 0 的

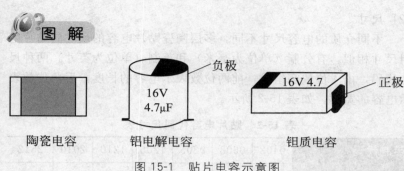

图 15-1 贴片电容示意图

钽贴片电容　　　　　　普通贴片电容

图 15-2 贴片电容实物图

个数，单位为皮法（pF）。例如：

101	表示	100pF
104	表示	100000pF
473	表示	47000pF
0R5	表示	0.5pF
R75	表示	0.75pF	用 R 代表小数点

　　铝电解电容颜色较深（或有负号标记）的一极为负极，钽质电容颜色较深（或有标记）的一极为正极。因陶瓷电容其容值没有丝印在元件表面，且同样大小、厚度、颜色的元件，容值大小不一定相同，故对其容值的判定必须借助检测仪表测量。

（2）尺寸

不同介质的电容尺寸不同，多层陶瓷贴片电容的尺寸同贴片电阻尺寸相似，有公制（单位为毫米）和英制（单位为英寸）两种尺寸代码，由 4 位数字组成，前两位数表示电容的长度，后两位数表示电容的宽度。如表 15-2 所示。

表 15-2　贴片电容代码尺寸表

英制代码	0402	0603	0805	1206	1210	2010	2512
公制代码	1005	1608	2012	3216	3225	5025	6432
实际尺寸 /mm	1.0×0.5	1.6×0.8	2.0×1.2	3.2×1.6	3.2×2.5	5.0×2.5	6.4×3.2

（3）误差

误差是表示容值大小在允许偏差范围内均为合格品。常用的容值误差有±5%、±10%、±20%、±25%、-20%+80%等，分别用字母 J、K、M、H、Z 表示。借助元件误差大小，方可准确地判定其所归属的容值。例如：

104K　　表示　　容值在 90~110nF 之间为合格品

104Z　　表示　　容值在 80~180nF 之间为合格品

（4）温度系数

电容的温度系数分为 I 级与 II 级，其中 I 级的电容又分为 8 级，II 级的电容又分为 5 级，一般 I 级高于 II 级，前面的高于后面的，如表 15-3 和表 15-4 所示。

表 15-3　电容的温度系数（I 级）

温度系数符号	温度系数(10^{-6}/℃)	温度范围 /℃
COG(NPO)	0±30	-55~+125
CH	0±60	-25~+85
PH(P2H)	-150±60	-25~+85
RH(R2H)	-220±60	-25~+85

温度系数符号	温度系数(10^{-8}/℃)	温度范围 /℃
SH(S2H)	-330 ± 60	$-25\sim+85$
TH(T2H)	-470 ± 60	$-25\sim+85$
UJ(U2J)	-750 ± 120	$-25\sim+85$
SL	$+350$ 至 -1000	$20\sim85$

表 15-4 电容的温度系数（Ⅱ级）

温度系数符号	电容变化量 /%	温度范围 /℃
X8R	±15	$-55\sim+150$
X7R	±15	$-55\sim+125$
X7S	±22	$-55\sim+125$
Z5U	$+22,-56$	$10\sim85$
Y5V	$+22,-82$	$-30\sim+85$

（5）耐压值

耐压值表示此电容允许的工作电压，若超过此电压，将影响其电性能，乃至被击穿而损坏。不同介质的电容器其耐压也不同，一般常见的耐压值有下面几种，常用数字或字母代码表示，如表 15-5 所示。

表 15-5 电容耐压值对照表

字母代码	耐压值	字母代码	耐压值
G	4V	D	20V
J	6.3V	E	25V
A	10V	V	35V
C	16V	H	50V

例如：一种物料描述为：50V 332 $\pm10\%$ X7R 0603
表示此物料：耐压值：50V

容值：3300PF

误差：±10%（2970～3630pF 合格）.

温度系数：X7R（电容变化量±15%，温度范围－55～125℃）

外观尺寸：长×宽为 1.6mm×0.8mm

(6) 包装

与贴片式电阻包装方式相同，有散装和卷装两种。

15.1.2 表面贴装电阻

贴片电阻在电子线路中用 ▭ 表示，以大写英文字母 R 代表，其基本单位为欧姆，符号为 Ω。

单位换算关系：1 兆欧（MΩ）= 1000 千欧（kΩ）= 1000000 欧（Ω）。

主要参数：阻值、尺寸、功率、误差、温度系数和包装类型等。

(1) 阻值

表面贴装电阻的阻值大小一般丝印于元件表面，常用三位或四位数表示。

当用三位数字表示阻值大小时，第一、二位为有效数字，第三位为在有效数字后添加 0 的个数，单位为欧姆。例如：

103	表示	10000Ω	10kΩ
101	表示	100Ω	
124	表示	120000Ω	120kΩ

图 解

但对于阻值小的电阻，有如下的表示方法：

| 6R8 | 表示 | 6.8Ω | 用 R 代表小数点 |
| 2R2 | 表示 | 2.2Ω | 用 R 代表小数点 |

000　　　表示　　　0Ω

当用四位数字表示阻值大小时，第一、二、三位为有效数字，第四位为在有效数字后添加 0 的个数，单位为欧姆。例如：

3301　　　表示　　　3300Ω　　　3.3kΩ
1203　　　表示　　　120000Ω　　　120kΩ
4702　　　表示　　　47000Ω　　　47kΩ

常见贴片电阻实物图见图 15-3。

普通贴片电阻　　　　　贴片可调电阻　　　　　柱形贴片电阻

图 15-3　常见贴片电阻实物图

(2) 尺寸

表面贴装电阻的尺寸常用其体积的长度与宽度尺寸表示，有公制（单位为毫米）和英制（单位为英寸）两种尺寸代码，由 4 位数字组成，前两位数表示电阻的长度，后两位数表示电阻的宽度。另外，不同尺寸的电阻，其额定功率也不同，有 1/16W、1/10W、1/8W、1/4W、1/2W、1W 等。下表为几种常用贴片电阻的尺寸代码、实际尺寸和额定功率的相对应关系如表 15-6 所示。

表 15-6　贴片电阻代码尺寸表

英制代码	0402	0603	0805	1206	1210	2010	2512
公制代码	1005	1608	2012	3216	3225	5025	6432
实际尺寸 /mm	1.0×0.5	1.6×0.8	2.0×1.2	3.2×1.6	3.2×2.5	5.0×2.5	6.4×3.2
功率值 /W	1/16	1/16	1/10	1/8	1/4	1/2	1

(3) 精度

电阻元件在生产过程中其阻值不可能达到绝对的精确，为了判定其是否合格，常统一规定其阻值的上、下限，即误差范围对其进行检测。电阻常用的误差等级有±1%、±5%、±10%等，分别用字母 M、J、K 代表。

(4) 温度系数

贴片电阻的温度系数有 2 级，即 W 级（±200×10⁻⁶/℃）；X 级（±100×10⁻⁶/℃）。只有误差为 M 级的电阻温度系数采用 X 级，其他误差值的电阻温度系数一般采用 W 级。

(5) 包装

贴片电阻主要有散装和卷装两种包装方式。

(6) 工作温度范围

贴片电阻的工作温度范围为−55～125℃，最大工作电压与尺寸有关：1005 与 1608 为 50V；2012 为 150V；其他尺寸为 200V。在元器件取用时，必须确保其主要参数一致，方可代用，但必须经过品质人员确认。

15.1.3 表面贴装电感

表面贴装电感在电子线路中用—ᗯᗯ—表示，以大写英文字母 L 代表，其基本单位为亨利（亨），符号为 H，平时常被称为磁珠，其外形与表面贴装电容类似，但色泽较深，可用检测仪表区分，并测量其电感量。常用的换算单位有微亨（μH）和纳亨（nH），换算关系为：

1 亨（H）＝1000 毫亨＝1000000 微亨（μH）＝1000000000 纳亨（nH）

贴片电感有线绕式和非线绕式（如多层片状电感）两大类，主要参数有尺寸、电感量、误差、包装方式等。

(1) 尺寸

不同结构、电感量的电感，其外观尺寸不同，比较常见的多层片状电感尺寸较小，同样有公制（单位为毫米）和英制（单位为英寸）两种尺寸代码，由 4 位数字组成，前两位数表示电容的长度，后两位数表示电容的宽度。贴片电感代码尺寸见表 15-7。

表 15-7　贴片电感代码尺寸表

英制代码	0402	0603	0805	1206
公制代码	1005	1608	2012	3216
实际尺寸 /mm	1.0×0.5	1.6×0.8	2.0×1.2	3.2×1.6

(2) 电感量

　　结构与材料不同的电感，其电感量的范围也不同。例如使用材料代码为 A 的多层片状电感，其电感量从 0.047～1.5uH；而使用材料代码为 M 的多层片状电感，其电感量从 2.2～100nH。电感量的大小同贴片电阻、电容一样也由三位数字表示，单位为 μH，例如：

100	表示	$10\mu H$
331	表示	$330\mu H$
R15	表示	$0.15\mu H$　　其中 R 代表小数点
1R0	表示	$1.0\mu H$

　　有时三位数字中出现 N 时，表示单位为 nH，同时 N 还表示小数点，如：

　　　　47N　　　表示　　　47.0nH　　　0.047uH

　　电感元件的频率特性这一参数特别重要，目前一般将电感按频率特性分为高频电感和中频电感两类，高频电感的电感量较小，一般范围在 $0.05～1\mu H$。

　　而中频电感的电感量范围较大。

(3) 误差

　　线绕式电感的精度可以做得很高，有 G、J 级；而薄膜电感、多层片状电感的精度较低，一般为 K、M 级。表 15-8 为常见的电感误差级别代码和误差值。

(4) 包装

　　一般情况下有带状卷装和散装两种方式。常见贴片电感实物如图 15-4 所示。

表 15-8　电感误差级别代码和误差值表

级别	G	J	K	M	N	C	S	D
误差	±2%	±5%	±10%	±20%	±30%	±0.2nH	±0.3nH	±0.5nH

 图　解

图 15-4　贴片电感实物图

15.1.4　表面贴装二极管

二极管在电子线路中用─Ⓚ─表示，以字母 VD 表示。它是有极性的器件，原则上有色点或色环标示端为其负极，其方向可用万用表来测试判定。将万用表打到二极管测试挡，然后用两表笔分别接触二极管两端子，当导通时，红色表笔接触的一端为二极管的负极，另一端为其正极。在表面贴装生产中，比较常见的有玻璃二极管和塑封二极管两种类型（图 15-5）。

 图　解

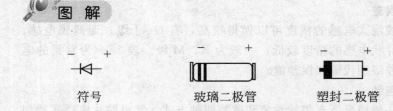

符号　　　　　　　玻璃二极管　　　　　塑封二极管

图 15-5　贴片二极管封装形式

（1）**二极管**（又称为整流子）（DIODE）

目前比较常用的二极管主要有以下这些类型：

① IN4148、IN914、IN60 通常为玻璃管（小信号用）。

② IN750、 IN751A、 IN5235、 BEX55C10、 BZX85C6V8、3V9、6V8、12V 等通常为有色玻璃管，印有编号（稳压用），称为稳压二极管。

③ IN4001、IN4002、IN4004、IN4005、IN40070 等通常为黑色塑胶封二极管，印有编号（大电流用），称为整流子。

（2）**发光二极管**（LED）

发光二极管通常作为指示灯、彩灯或小亮度照明（如手机按键）灯用，在现实生活中应用广泛。根据所用材料的不同，发光二极管可以发出不同颜色的光，在其可以承受的电压范围内，施加不同的电压，其可发出不同亮度的光。常见贴片二极管的外形如图15-6 所示。

 图　解

图 15-6　贴片二极管实物图

15.1.5 表面贴装三极管

表面贴装三极管在电子线路中用 ⬡ 或 ⬡ 表示，有 PNP 和 NPN 两种类型，常用字母 V、VD、Q 等表示。三极管是有极性的器件，贴装时方向要与 PCB 板丝印标识一致。为了区分各不同的型号类型，常在贴片三极管的表面丝印数字或者字母，在贴装和检查时，可根据其丝印判定型号类别。常见贴片三极管的实物外形如图 15-7 所示。

图 解

图 15-7　贴片三极管实物图

15.1.6　其他表面贴装元器件

（1）表面贴装插座

插座主要用于排线插接，是排线与 PCB 板上线路连接的接口。在电子线路中常用 CN、CON、XS 等字母表示，常见的贴片形式有接口朝上的立式插座和与 PCB 板面呈水平的卧式插座，其中有些立式插座在贴装时要注意方向性，要和 PCB 板丝印标识一致，防止贴反。

（2）表面贴装整流桥

图 解

（3）表面贴装光耦

图 解

15.2 表面贴装集成电路及其封装

集成电路也称为 IC，在电子线路中常用 IC、U 等来表示。它是有极性的器件，有很多种不同的封装形式，是静电敏感器件，接触时需戴静电带（防静电手套）。另外，因为集成电路的引脚细小密集，容易变形，故在搬运、使用时要小心轻放，防止损伤引脚。

15.2.1 集成电路 (IC) 的分类

IC 根据其不同的封装方式分为很多种类型，最常见的类型有以下几种。

① SOP 只在 IC 对称的两边有 "L" 形脚。

图 解

② SOJ 只在 IC 对称的两边有 "J" 形脚。

图 解

③ PLCC 在 IC 的四边有 "J" 形脚。

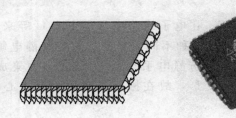

④ QFP 在 IC 的四边有 "L" 形脚

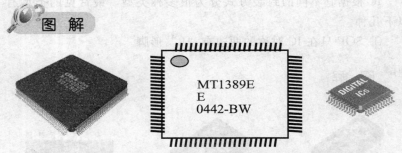

MT1389E
E
0442-BW

⑤ BGA 引脚在集成电路底部以 "球形阵列式" 排列

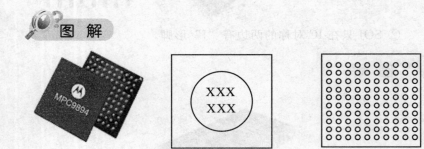

MPC9894

XXX
XXX

BGA上表面   BGA底部

通常情况下，所有 IC 都会在其本体上标示出方向点，根据其方向点，可以判定出 IC 第一只脚所在位置，判定方法为：正放

IC，边角有缺口（或凹坑、白条线、圆点等）标识边的左下角第一引脚为集成电路的第 1 只脚，再以逆时针方向依次计为第 2、3、4、…引脚，如下图所示。

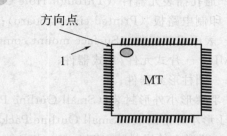

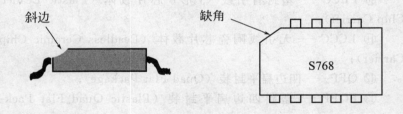

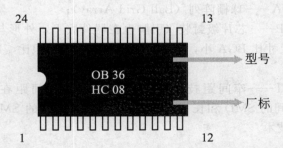

贴装 IC 时，必须确保其第一引脚与 PCB 上相应丝印标识（斜口、圆点、圆圈或"1"）相对应，且要保证各引脚在同一平面，无损伤变形。

① SMT——表面组装技术（Surface Mounted Technology）；

② THC——通孔插装元器件（Through Hole Components）；

③ PCB——印制电路板（Printed circuit board）；

④ SMA——表面组装组件（Surface mount component）；

⑤ SMC/SMD——片式元件/片式器件；

⑥ MELF——圆柱形元器件；

⑦ SOP——羽翼形小外形封装（Small Outline Package）；

⑧ SOJ——J形小外形封装（Small Outline Package of J）；

⑨ TSOP——薄形小外形封装（Thin Small Outline Package）；

⑩ PLCC——塑封有引线（J形）芯片载体（Plastic Leaded Chip Carrier）；

⑪ LCCC——无引线陶瓷芯片载体（Leadless Ceramic Chip Carrier）；

⑫ QFP——四边扁平封装（Quad Flat Package）；

⑬ PQFP——塑料四边扁平封装（Plastic Quad Flat Package）；

⑭ BGA——球栅阵列（Ball Grid Array）；

⑮ CSP——芯片级封装（引脚也在器件底下，外形与 BGA 相同，封装尺寸比 BGA 小，芯片封装尺寸与芯片面积比 ≤1.2，称为 CSP）；

⑯ FPT——窄间距技术。FPT 是指将引脚间距在 $0.635 \sim 0.3mm$ 之间的 SMD 和长×宽 ≤1.6mm×0.8mm 的 SMC 组装在 PCB 上的技术。

15.2.3 表面贴装技术的优点

表面贴装元器件的特点及优点如下：

① 尺寸小、重量轻、能进行高密度组装，使电子设备小型化、

轻量化和薄型化。一般地，采用 SMT 可使电子产品体积缩小 60%，质量减轻 75%。

② 可靠性高，抗振性能好，再流焊不良焊点率小于百万分之一。

无引线或短引线，减少了寄生电感和电容，不但高频特性好，有利于提高使用频率和电路速度，而且贴装后几乎不需调整。采用 SMC/SMD 设计的电路最高频率达 3GHz，而采用通孔元件仅为 500MHz。

③ 形状简单、结构牢固、紧贴在 SMB 电路板上，不怕振动、冲击。

④ 印制板无需钻孔，组装的元件无引线打弯剪短工序。

⑤ 尺寸和形状标准化，能够采取自动贴片机进行自动贴装，效率高、可靠性高，便于大批量生产，而且综合成本低。成本降低，便于自动化生产。

15.2.4 表面贴装技术存在的问题

① 元器件体积越来越小，器件上的标称数值看不清，使维修工作困难。

② 维修调换元器件困难，需要专用工具。

③ 元器件与印制板之间热膨胀系数一致性较差。

15.2.5 SMT工艺技术发展趋势

① 与新型表面组装元器件的组装需求相适应；

② 与新型组装材料的发展相适应；

③ 与现代电子产品的品种多、更新快特性相适应；

④ 与高密度组装、三维立体组装、微机电系统组装等新兴组装形式的组装需求相适应。

15.3 贴片式电子元件识别与检测技术

贴片式电子元件在电子产品中大量使用，是现代电子技术的发展与应用最明显的特点，有取代直插式电子表元件（DIP）的趋势。对电子产品维修人员，尽快掌握贴片式电子元件检测技术是有必要的，简单说一下在这方面的一些检测技术。

15.3.1 制作简易测量仪器

贴片式电子元件越来越小，电路板上元件很紧密，普通的万用表的表笔通常无法在路测量，拆下来不好拿捏，一不小心掉到地上，很难找到。古语说"工欲善其事，必先利其器"，经过多次实践，可用绘图用的圆规改造成专用的测量工具，完全可以胜任贴片式电子元件电路中的各种测量。

制作方法：把一根万用表的表笔去掉原来的表针，线头焊在圆规的细长的针上，然后用耐热透明胶布把针裹一圈，为了绝缘并可用在高温环境中，装配好后并用胶布裹好；目的是为了使这个针与圆规架绝缘。

把万用表的另一根表笔也去掉原来的表针，并剥出一段铜丝把，旋松圆规另一插针处的螺钉，把铜丝卡入后旋紧螺钉，手持部分要充分绝缘。

维修过程中的在路测量可以做到见缝插针了，如手机维修时无处下笔的苦恼再也不会有了，引脚很密的地方也可以下笔测量。

15.3.2 贴片式电容的检测

测量之前，需要先了解和注意以下事项。

注意

① 数字万用表的蜂鸣挡表针上有 2.5V 左右的直流电压，红正黑负（红表笔是电流流出端），电阻挡是表针上的电压为 0.5V 左右，红正黑负；所以若用蜂鸣挡，在路测量如手机 CPU 附近测量有可能导致 CPU 损坏，因为 CPU 有的工作电压仅为 1.5V，甚至更低，0.5V 左右不足以让硅材料二极管导通，用电阻挡测这种二极管正反电阻都是无穷大的。

② 指针表的电阻挡除 "×10k 挡" 电压为 11V 左右外，其他挡约为 1.5 左右，并且是黑正红负，极性与数字表相反，输出电流能力比数字表强，11V 已超过很贴片电容的额定电压，要慎用。

测量之前，先撕一条两面胶贴在一个浅底的泡沫塑料盒内，把要测试的电子元件贴在两面胶上，测量过程中如果掉落，也在盒底，不至于到处找。

有了特制表笔，用指针表也与普通电容一样，测充放电现象时，也可以把表笔的两个插柱改为两个插片，插入数字表的 "CX" 电容测试插座中测电容值；在维修中如果只作好坏判断，用数字表的蜂鸣挡给电容充电，然后换成电压挡测量电容上的电压，看是否有保持现象，如有基本就认为被测电容有储存电荷功能，测试速度很快。

其他两端器件，如电阻、电感、二极管的测量与 DIP 器件一样测试，在此不再赘述，SMD 器件的检测难点就在三端器件。

15.3.3 三端元件的检测

常用的 SMD 三端器件有普通三极管、数字晶体管（带阻三极管）、二极管、场效应管、稳压管，手机翻盖检测管（如 10E，12E）等，只有充分了解它们的封装以及各自的测量方法，心中有数，维修时才能准确判断。

三极管有三个电极和四个电极的，因为电极符号相同的两电极直接导通，相当于一个电极，如下图 15-8 所示。

图 解

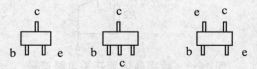

图 15-8　三极管电极符号

在手机中锗材料三极管占多数，用数字表的二极管挡测量三极管的两个 PN 结的好坏，以及 C 极与 E 极不能导通，这样有两个读数为 0.2V 左右且合乎封装规范的是普通三极管，如果要作进一步判断，用指针表类似 DIP（直插式）测量。由于 SMD 很小，型号常用代码表示，常见的如表 15-9。

表 15-9 SMD 型号常用代码

DIP 型号	SMD 型号	DIP 型号	SMD 型号	DIP 型号	SMD 型号
9011	1T	S8050	J3Y	BC846B	1B
9012	2T	S8550	2TY	BC857A	3E
9013	J3	2SA1015	BA	2SA733	CS
9014	J6	2SC1815	HF	UN2112	V2
9015	M6	2SC945	CR	2SC3356	R23
9016	Y6	5401	2L	2SC3838	AD
9018	J8	5551	G1	MMBT3904	1AM
8050	Y1	MMBT2222	1P	MMBT3906	2A
8550	Y2	BC846A	1A	BC847A	1E

　　数字晶体管常作开关使用，例如手册中标注 4.7kΩ＋10kΩ 表示 R1 是 4.7kΩ，R2 是 10kΩ，如果只含一个电阻，要标出 R1 还是 R2（图 15-9）。

 图 解

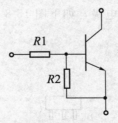

图 15-9　数字晶体管开关电路符号

　　手机中常见的如 DTA143（代码 93，R1，4.7kΩ）MUN5213（代码 8C，47kΩ＋47kΩ）。测量时会发现电阻明显偏大，不要误判为损坏。

贴片场效应管的测量，一般电路中使用结型场效应管（JEFT）和加强型 N 沟道 MOS 管居多，并且 MOS 管 D 与 S 之间加有阻尼二极管，G 与 S 之间也有保护措施，结型场效应管的测量用指针表的红黑表笔对调测量 G－D－S，除了黑笔接 D 红笔接 S 有阻值以外，其他的接法都没有阻值，如果测量到某种接法阻值为"0"，使用镊子或表笔短接 GS 放电，然后再测量，N 沟道电流流向：D－＞S（高电压有效），P 沟道电流流向：S－＞D（低电压有效），手机开机电路中有 P 沟道管子，低电平开机，JEFT 主要用于高频信号放大如 MMBFJ309LT1（N 沟道，代码为 6U），用于小信号放大的 MMBF54S7LT1（N 沟道，代码为 M6E）。

15.3.4 片状稳压IC与复合三极管

片状稳压 IC 器件是低压差（LDO）器件，在手机电路中使用较多，表面有电压标称值，如 P48 表示稳压输出为 4.8V，18P 表示输出 1.8V，常见的还有 1.5V、2.8V、3.0V 等，片状稳压 IC 与复合三极管在电路中很好区分，稳压 IC 的输入与输出脚都接有电容，如图 15-10 所示，在电路板上很容易找到，片状稳压 IC 比复合三极管厚。复合三极管内部结构很多，不带内阻的，周围有小电容小电阻较多；有带电阻的，周围有小电容，如果是其他器件，如二极管组、稳压二极管组周围没有小电容。

 图 解

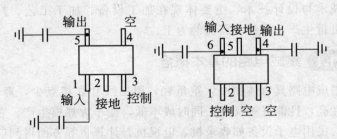

图 15-10　稳压 IC 电路简图

第**16**章

Chapter **16**

集成电路

数字集成电路（Digital Integrated Circuits）是将元器件和连线集成于同一半导体芯片上而制成的数字逻辑电路或系统。集成电路按其功能、结构的不同，可以分为模拟集成电路、数字集成电路和数/模混合集成电路三大类。集成电路不仅在工、民用电子设备如收录机、电视机、计算机等方面得到广泛的应用，同时在军事、通信、遥控等方面也得到广泛的应用。

16.1 集成电路的概况和分类

集成电路（Integrated Circuit，简称IC）是20世纪60年代初期发展起来的一种新型半导体器件。它是经过氧化、光刻、扩散、外延、蒸铝等半导体制造工艺，把构成具有一定功能的电路所需的半导体、电阻、电容等元件及它们之间的连接导线全部集成在一小块硅片上，然后焊接封装在一个管壳内的电子器件。其封装外壳有圆壳式、扁平式或双列直插式等多种形式。集成电路技术包括芯片制造技术与设计技术，主要体现在加工设备、加工工艺、封装测试、批量生产及设计创新的能力上。

16.1.1 集成电路的基本概念

集成电路具有体积小，重量轻，引出线和焊接点少，寿命长，可靠性高，性能好等优点，同时成本低，便于大规模生产。它不仅在工、民用电子设备如收录机、电视机、计算机等方面得到广泛的应用，同时在军事、通信、遥控等方面也得到广泛的应用。用集成电路来装配电子设备，其装配密度比晶体管可提高几十倍至几千倍，设备的稳定工作时间也可大大提高。

16.1.2 集成电路的分类

(1) 按功能结构分类

集成电路按其功能、结构的不同，可以分为模拟集成电路、数字集成电路和数/模混合集成电路三大类。

模拟集成电路又称线性电路，用来产生、放大和处理各种模拟信号（指幅度随时间变化的信号。例如半导体收音机的音频信号、录放机的磁带信号等），其输入信号和输出信号成比例关系。

数字集成电路用来产生、放大和处理各种数字信号（指在时间上和幅度上离散取值的信号。例如 3G 手机、数码相机、电脑 CPU、数字电视的逻辑控制和重放的音频信号和视频信号）。

(2) 按制作工艺分类

集成电路按制作工艺可分为半导体集成电路和膜集成电路。膜集成电路是指在玻璃和陶瓷等绝缘体上，以"膜"的形式制作电阻、电容等无源器件。膜集成电路又分为厚膜集成电路和薄膜集成电路。

(3) 按集成度高低分类

集成电路按集成度高低的不同可分为 SSI 小规模集成电路（Small Scale Integrated circuits）；MSI 中规模集成电路（Medium Scale Integrated circuits）；LSI 大规模集成电路（Large Scale Integrated circuits）；VLSI 超大规模集成电路（Very Large Scale Integrated circuits）ULSI 特大规模集成电路（Ultra Large Scale Integrated circuits）；GSI 巨大规模集成电路也被称作极大规模集成电路或超特大规模集成电路（Giga Scale Integration）。

(4) 按导电类型不同分类

集成电路按导电类型可分为双极型集成电路和单极型集成电路，它们都是数字集成电路。

双极型集成电路的制作工艺复杂，功耗较大，代表集成电路有

TTL、ECL、HTL、L-TTL、S-TTL、LS-TTL 等类型。

单极型集成电路的制作工艺简单，功耗也较低，易于制成大规模集成电路，代表集成电路有 CMOS、NMOS、PMOS 等类型。

(5) 按用途分类

集成电路按用途可分为电视机用集成电路、音响用集成电路、影碟机用集成电路、录像机用集成电路、电脑（微机）用集成电路、电子琴用集成电路、通信用集成电路、照相机用集成电路、遥控集成电路、语言集成电路、报警器用集成电路及各种专用集成电路。

① 电视机用集成电路包括行、场扫描集成电路、中放集成电路、伴音集成电路、彩色解码集成电路、AV/TV 转换集成电路、开关电源集成电路、遥控集成电路、丽音解码集成电路、画中画处理集成电路、微处理器（CPU）集成电路、存储器集成电路等。

② 音响用集成电路包括 AM/FM 高中频电路、立体声解码电路、音频前置放大电路、音频运算放大集成电路、音频功率放大集成电路、环绕声处理集成电路、电平驱动集成电路，电子音量控制集成电路、延时混响集成电路、电子开关集成电路等。

③ 影碟机用集成电路有系统控制集成电路、视频编码集成电路、MPEG 解码集成电路、音频信号处理集成电路、音响效果集成电路、RF 信号处理集成电路、数字信号处理集成电路、伺服集成电路、电动机驱动集成电路等。

④ 录像机用集成电路有系统控制集成电路、伺服集成电路、驱动集成电路、音频处理集成电路、视频处理集成电路。

(6) 按应用领域分类

集成电路按应用领域可分为标准通用集成电路和专用集成电路。

(7) 按电路外形分类

集成电路按外形可分为圆形（金属外壳晶体管封装型，一般适合用于大功率）、扁平型（稳定性好，体积小）和双列直插型。

16.2　集成电路的选型与命名方式

16.2.1　集成电路的技术参数

集成电路各项参数一般对分析电路的工作原理（电路功能）时，作用不大，但对于电路的故障分析与检修却有不可忽视的作用。在维修实践中，绝大多数均无厂家提供的 IC 参数，但了解集成电路相关知识对检修工作仍有一定的帮助。集成电路的种类很多，其不同用途的集成电路都有不同的技术指标参数。下面介绍集成电路能够工作的主要基本参数和工作条件的极限参数。

(1) 基本参数

① 电源电压　电源电压是指集成电路正常工作时所需的工作电压。通常，模拟集成电路的电源电压用"V_{CC}"表示，数字集成电路的电源电压用"V_{DD}"表示，集成电路的负电源电压用"V_{EE}"表示。

② 耗散功率　耗散功率是指集成电路在标称的电源电压及允许的工作环境温度范围内，正常工作时所输出的最大功率。最大输出功率是指有功率输出要求的集成电路，当信号失真度为一定值时，集成电路输出脚输出的电信号功率。

③ 静态工作电流　静态工作电流是指在没有给集成电路输入信号的情况下电源引脚回路中直流电流的大小。这个参数对于判断集成电路的是否有故障具有一定的作用。通常，集成电路的静态工作电流均给出典型值、最小值、最大值。如果集成电路的直流工作电压正常，且集成电路的接地引脚也已可靠接地，当测得集成电路静态电流大于最大值或小于最小值时，则说明集成电路发生故障。

④ 增益　增益是指集成电路内部放大器的放大能力，通常标出开环增益和闭环增益两项，也分别给出典型值、最小值、最大值三项指标。用常规检修手段（只有万用表）无法测量集成电路的增益，只有使用专门仪器才能测量。

(2) 极限参数

极限参数是生产厂家规定的不能超过的值，在使用中如有超过极限值中的任何一个，集成电路电源都可能损坏，或性能下降，寿命缩短。

① 最大电源电压　最大电源电压是指可以加在集成电路电源引脚与接地引脚之间直流工作电压的极限值，使用中不允许超过此值，否则将会永久性损坏集成电路。

② 允许功耗　允许功耗是指集成电路所能承受的最大耗散功率，主要用于各类大功率集成电路。

③ 工作环境温度　工作环境温度是指集成电路能维持正常工作的最低和最高环境温度。

④ 储存温度　储存温度是指集成电路在储存状态下的最低和最高温度。

16.2.2 集成电路的封装外形符号

(1) 简单说明

集成电路常见的封装材料有：塑料、陶瓷、玻璃、金属等，现在基本采用塑料封装。

集成电路的封装，按其封装形式可分为：普通双列直插式，普通单列直插式，小型双列扁平，小型四列扁平，圆形金属，体积较大的厚膜电路等。

集成电路的封装，按其封装体积大小排列可分为：最大为厚膜电路，其次分别为双列直插式，单列直插式，金属封装、双列扁平、四列扁平为最小。

按两引脚之间的间距分：普通标准型塑料封装，双列、单列直插式一般多为 (2.54±0.25)mm，其次有 2mm（多见于单列直插式）、(1.778±0.25)mm（多见于缩型双列直插式）、(1.5±0.25)mm，或 (1.27±0.25)mm（多见于单列附散热片或单列 V 型）、(1.27±0.25)mm（多见于双列扁平封装）、(1±0.15)mm（多见于双列或四列扁平封装）、(0.8±0.05~0.15)mm（多见于四列扁平封装）、(0.65±0.03)mm（多见于四列扁平封装）。双列直插式两列引脚之间的宽度分：一般有 7.4～7.62mm、10.16mm、12.7mm、15.24mm 等数种。

双列扁平封装两列之间的宽度分（包括引线长度：一般有 6～6.5mm、7.6mm、10.5～10.65mm）等。四列扁平封装 40 引脚以上的长×宽一般有：(10×10)mm（不计引线长度）、13.6mm×(13.6±0.4)mm（包括引线长度）、20.6mm×(20.6±0.4)mm（包括引线长度）、8.45mm×(8.45±0.5)mm（不计引线长度）、14mm×(14±0.15)mm（不计引线长度）等。

(2) 集成电路的封装外形

① 金属圆形封装 TO99　最初的芯片封装形式。目前已经比较少见。引脚数 8～12。散热好，价格高，屏蔽性能良好，主要用于高档产品。

TO 99

② PZIP 塑料 ZIP 型封装　引脚数 3～16。散热性能好，多用于大功率器件。

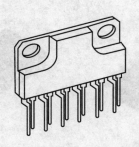

③ SIP 单列直插式封装　引脚中心距通常为 2.54mm，引脚数 2～23，多数为定制产品。造价低且安装便宜，广泛用于民品。

④ DIP 双列直插式封装　引脚从封装两侧引出，绝大多数中小规模 IC 均采用这种封装形式，其引脚数多为 8～48，一般不超过 100 个。适合在 PCB 板上插孔焊接，操作方便。塑封 DIP 应用最广泛。应用范围包括标准逻辑 IC、存储器 LSI、微机电路等。

⑤ SOP 双列表面安装式封装　引脚有 J 形和 L 形两种形式，中心距一般分 1.27mm 和 0.8mm 两种，引脚数 8～32。体积小，是最普及的表面贴片封装（右边为 L 形 SOP）。

⑥ PQF 塑料方型扁平式封装　芯片引脚之间距离很小，引脚很细，一般大规模或超大型集成电路都采用这种封装形式，其引脚数一般在 100 个以上。适用于高频线路，一般采用 SMT 技术在 PCB 板上安装（右边为薄型 QFP）。

⑦ PLCC 引线芯片载体　引脚从封装的四个侧面引出，呈 J 字形。引脚中心距 1.27mm，引脚数 18～84。J 形引脚不易变形，但焊接后的外观检查较为困难。

⑧ BGA 球栅阵列封装　表面贴装型封装之一，其底面按阵列方式制作出球形凸点用以代替引脚。适应频率超过百兆赫兹，I/O 引脚数大于 208Pin。电热性能好，信号传输延迟小，可靠性高。

⑨ LCC 陶瓷无引线芯片载体　芯片封装在陶瓷载体中，无引脚的电极焊端排列在底面的四边。引脚中心距 1.27mm，引脚数 18～156，高频特性好，造价高，一般用于军品。

图　解

图　解

16.2.3 集成电路的命名方式

半导体集成电路型号命名方法（摘自 GB 3430～82），器件的型号由五部分组成，其结构图如图 16-1 所示。

各部分符号及意义见表 16-1。

16.2.4 数字集成电路的选用规则

数字集成电路中，无论 TTL 电路还是 CMOS 电路，在使用时，首先应查阅手册，识别集成电路的外引线端排列图，然后按照功能表使用芯片，尤其是大规模的集成电路，应注意使能端的使用，时序电路还应注意"同步"和"异步"功能等。

图 解

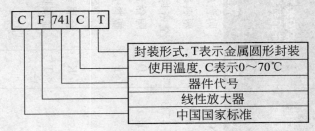

图 16-1 器件的型号结构示意图

使用集成电路时应注意以下方面的问题。

(1) TTL 电路

1）供电电源

① 只允许工作在 $5V\pm10\%$ 的范围内。若电源电压超过 $5.5V$ 或低于 $4.5V$，将使器件损坏或导致器件工作的逻辑功能不正常。

② 为防止动态尖峰电流造成的干扰，常在电源和地之间接入滤波电容。消除高频干扰的滤波电容取 $0.01\sim0.1pF$，消除低频干扰取 $10\sim50\mu F$。

③ 不要将"电源"和"地"颠倒。若不注意，这种情况极易发生，将造成元器件的损坏。

④ TTL 电路的工作电流较大，例如中规模集成 TTL 电路需要几十毫安的工作电流，因此使用干电池长期工作，既不经济，也不可靠。

2）输出端

① 不允许直接接地或接电源，否则将使器件损坏。

② 推挽式输出的 TTL 门电路的输出端不能"线与"使用，OC 门的输出端可以"线与"工作，但其公共输出端应通过外接负载电阻 R_L 与电源 U_{cc} 相接。

③ 三态门可以"线与"输出工作，但任一时刻只允许一个门处于工作状态，其他门应处于高阻态。

表 16-1 集成电路器件型号的组成

第0部分			第一部分			第二部分	第三部分			第四部分		
用字母表示器件符合国家标准			用字母表示器件的类型			用阿拉伯数字表示器件的系列品种代号	用字母表示器件的工作温度范围			用字母表示器件的封装		
符号	意义		符号	意义			符号	意义		符号	意义	
C	中国制造		T	TTL			C	0~70℃		W	陶瓷扁平	
			H	HTL			E	−40~85℃		B	塑料扁平	
			E	ECL			R	−55~85℃		F	全密封扁平	
			C	CMOS			M	−55~125℃		D	陶瓷直插	
			F	线性放大电路						P	塑料直插	
			D	音响、电视电路						J	黑陶瓷直插	
			W	稳压器						K	金属菱形	
			J	接口电路						T	金属圆形	
			B	非线性电路								
			M	存储器								
			u	微型机电路								

3）多余输入端

TTL 电路的输入端若悬空，该输入端等效为高电平。因此，正或逻辑（如或门、或非门）的输入端，不用时应直接接低电平。而正与逻辑（如与门、与非门）的多余输入端，允许悬空，但容易受干扰，使其逻辑功能不稳定，所以最好接高电平，或者将其与使用的输入端并联，尽量不要采用"悬空"的方法处理多余输入端。对有些门电路，如与或非门，则应具体分析、进行处理。

4）负载特性问题

当负载为容性，且电容量大于 100pF 时，则应串接数百欧姆的限流电阻，以限制电容的充放电电流。

5）工作频率

一般在 5MHz 以下，多使用 74LS 系列。在 5～50MHz 范围，多使用 74HC、74ALS 系列；在 50～100MHz，多使用 74AS 系列。

（2）CMOS 电路

① CMOS 电路的电源电压允许在较大的范围内变化。

例如 4000 系列的 CMOS 电路可在 3～18V 的电源电压范围工作，所以对电源的要求不像 TTL 电路那样严格。当然，不允许高于 U_{DDmax}，也不允许低于 U_{DDmin}，以取其允许范围的中间值为宜，例如 10V。CMOS 电路的噪声容限与 U_{DD} 成正比，在干扰较大的情况下，适当提高 U_{DD} 值是有益的。应该指出，CMOS 电路在工作时，U_{DD} 不应下降到低于输入信号电压 U_I，否则可能使保护二极管损坏。U_{DD} 和 U_{SS} 绝不能接反，否则将产生过大的电流，因而可能使保护电路或内部电路损坏。

在电源输入端需加去耦电路，以防止 U_{DD} 出现瞬态过电压。

② 输入信号电压 U_I

应满足 $U_{DD} \geq U_I \geq U_{SS}$，以防止输入保护电路中的二极管正向导通，出现大电流而烧坏。

③ 输入保护电路的过电流保护。

由于 CMOS 输入保护电路中的钳位二极管电流容量有限，一般为 1mA，所以，在有可能出现较大输入电流的场合，都必须对输入保护电路采取过电流保护措施。例如，输入端接低内阻的信号源、输入端接长引线、输入端接大电容等情况，均应在 CMOS 输入端与信号源（或长线、或电容）之间串入限流保护电阻，保证导通时电流不超过 1mA。

④ 多余的输入端的处理。

多余的输入端不能悬空，应根据逻辑功能接高电平和低电平。因为 CMOS 的输入阻抗很高，输入端如悬空，则容易受外界干扰而可能破坏电路的正常逻辑关系。如果电路的工作速度不高，功耗也不需要特别考虑的话，多余输入端可与使用端并联。

⑤ 工作频率。

普通 CMOS 电路（CD4000 系列）的工作频率最低，一般用于 1MHz 甚至 100kHz 以下。在时序逻辑电路中，输入信号的有效上升沿或下降沿不宜超过 $5 \sim 10\mu s$。否则可能产生误触发、导致逻辑错误。

⑥ CMOS 的输出端不允许直接与 U_{DD} 和 U_{SS} 相接以免损坏器件。

⑦ 可以将同一芯片上的几个同类电路的输出端并在一起，以增强带负载能力。

(3) 集成运算放大器

集成运算放大器在应用中经常会遇到许多问题，如失调、误用等，下面介绍一些解决这些问题常用的使用办法。

1）输出调零

集成运算放大器在输入端没有信号时，希望输出端电位应该是零。但由于种种原因，输出端往往存在输出信号，这就需要进行调零（运算放大器一般都有调零端）。

输出端调零应注意几个问题。

注 意

① 要在闭环状态下调零。因为运算放大器增益很高，若在开环状

态下电路的微小不对称，就将导致输出端偏向正饱和或负饱和。

② 要按设计的电源电压供电。要保证正、负电源对称才能调零。

③ 运算放大器的同相输入端对地和反相输入端对地偏置电路的直流电阻要取得相等。

2）调零的方法

一般有静态调零和动态调零。所谓静态调零就是在不加信号源的情况下，将同相输入端和反向输入端通过偏置电阻直接接地，然后进行调零。这种调零对于信号源为电压源以及输出零点精度要求不高的场合简便实用。另一种是动态调零。即在输入接信号的情况下调零。如信号为交变信号，则在运算放大器输出端直接接数字电压表监测。常见的调零电路如图 16-2 所示。

图 解

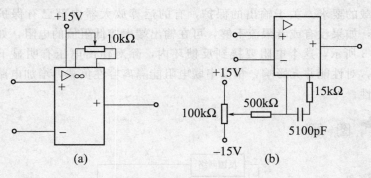

图 16-2　运算放大器调零电路

3）保护措施

集成运算放大器在工作中，如果发生不正常的工作状态，而事先又没有采取措施，电路将会损坏，集成运算放大器的保护主要有电源保护、输入保护和输出保护。

① 电源电压的保护　电源常见故障是电源极性接反和电压跳变。电源极性接反的保护措施通常采用串联接入二极管的方式实

现。电压跳变大多发生在电源接通和断开的瞬间，性能较好的稳压源在电压建立和消失时出现的电压过冲现象不太严重，基本上不会影响放大器的正常工作，如果电源有可能超过极限值，应在引线端采用齐纳二极管对电压钳位。

② 输入保护　集成运算放大器输入失效分两种情况：一是差模电压过高；二是共模电压过高。任何一种情况都会因输入级电压过高而造成器件损坏。因此，在应用集成运算放大器时，必须注意它的差模和共模电压范围，可以根据不同情况，采用不同的保护电路。

③ 输出保护　输出不正常对运算放大器的损坏有以下几种情况。过载、短路或者接到高压时使输出极击穿以及外壳碰地等。为了不使运算放大器过载而损坏，一般运算放大器输出电流应该限制在 5mA 以下，即所用的负载电阻不能太小，一般应大于 2kΩ，最好大于 10kΩ。在级联时，要考虑后级的输入阻抗是否满足前级对负载的要求。关于输出的保护，有的运算放大器内部已有保护电路，如果没有或者限流不够，可在输出端串接低阻值的电阻，如图 16-3 所示，这个电阻要接到反馈环内，除对输出电压有明显下降外，对性能并无影响，相反串联电阻能隔离容性负载，增加电路稳定性。

 图　解

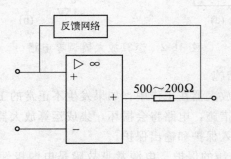

图 16-3　运算放大器输出保护电路

16.3 集成电路的检测常识

注 意 ⚠️

　　使用集成电路前，必须认真查对和识别集成电路的引线端，确认电源、地、输入、输出及控制端的引线号，以免因错接损坏元器件。

16.3.1 集成电路的故障表现

　　集成电路的故障主要有以下几种，其中第 1、2 项在检修中较常见。

(1) 集成电路烧坏

　　通常由过电压或过电流引起。集成电路烧坏后，从外表一般看不出明显的痕迹。严重时，集成电路可能会有烧出一个小洞或有一条裂纹之类的痕迹。

　　集成电路烧坏后，某些引脚的直流工作电压也会明显变化，用常规方法检查能发现故障部位。集成电路烧坏是一种硬性故障，对这种故障的检修很简单：只能更换。

(2) 引脚折断和虚焊

　　集成电路的引脚折断故障并不常见，造成集成电路引脚折断的原因往往是插拔集成电路不当所致。如果集成电路的引脚过细，维修中很容易扯断。另外，因摔落、进水或人为拉扯造成断脚、虚焊也是常见现象。

(3) 增益严重下降

　　当集成电路增益下降较严重时，集成电路即已基本丧失放大能力，需要更换。对于增益略有下降的集成电路，大多是集成电路的一种软故障，一般检测仪器很难发现，可用减小负反馈量的方法进行补救，不仅有效，且操作简单。当集成电路出现增益严重不足故障时，某些引脚的直流电压也会出现显著变化，所以采用常规检查方法就能发现。

(4) 噪声增大

集成电路出现噪声大故障时，虽能放大信号，但噪声也很大，结果使信噪比下降，影响信号的正常放大和处理。若噪声不明显，大多是集成电路的软故障，使用常规仪器检查相当困难。由于集成电路出现噪声大故障时，某些引脚的直流电压也会变化，所以采用常规检查方法即可发现故障部位。

(5) 性能变差

这是一种软故障，故障现象多种多样，且集成电路引脚直流电压的变化量一般很小，所以采用常规检查手段往往无法发现，只有采用替代检查法。

(6) 内部局部电路损坏

当集成电路内部局部电路损坏时，相关引脚的直流电压会发生很大变化，检修中很容易发现故障部位。对这种故障，通常应更换。但对某些具体情况而言，可以用分立元器件代替内部损坏的局部电路，但这样的操作往往相当复杂。如果对电子基础知识掌握不深，就不可能完成。

16.3.2 集成电路检测的注意事项

(1) 了解集成电路的工作原理

检查和修理集成电路前首先要熟悉所用集成电路的功能、内部电路、主要电气参数、各引脚的作用以及引脚的正常电压、波形与外围元件组成电路的工作原理。如果具备以上条件，那么分析和检查会容易许多。

(2) 测试不要造成引脚间短路

电压测量或用示波器探头测试波形时，表笔或探头不要由于滑动而造成集成电路引脚间短路，最好在与引脚直接连通的外围印刷电路上进行测量。任何瞬间的短路都容易损坏集成电路，在测试扁平型封装的 CMOS 集成电路时更要加倍小心。

(3) 严禁在无隔离变压器的情况下，用已接地的测试设备去接触底板带电的电视、音响、录像等设备

严禁用外壳已接地的仪器设备直接测试无电源隔离变压器的电

视、音响、录像等设备。虽然一般的收录机都具有电源变压器，当接触到较特殊的尤其是输出功率较大或对采用的电源性质不太了解的电视或音响设备时，首先要弄清该机底盘是否带电，否则极易与底板带电的电视、音响等设备造成电源短路，波及集成电路，造成故障的进一步扩大。

(4) 要注意电烙铁的绝缘性能

不允许带电使用烙铁焊接，要确认烙铁不带电，最好把烙铁的外壳接地，对 MOS 电路更应小心，能采用 $6\sim8V$ 的低压电烙铁就更安全。

(5) 要保证焊接质量

焊接时确实焊牢，焊锡的堆积、气孔容易造成虚焊。焊接时间一般不超过 3s，烙铁的功率应用内热式 25W 左右。已焊接好的集成电路要仔细查看，最好用欧姆表测量各引脚间有否短路，确认无焊锡粘连现象再接通电源。

(6) 不要轻易断定集成电路的损坏

不要轻易地判断集成电路已损坏。因为集成电路绝大多数为直接耦合，一旦某一电路不正常，可能会导致多处电压变化，而这些变化不一定是集成电路损坏引起的，另外在有些情况下测得各引脚电压与正常值相符或接近时，也不一定都能说明集成电路就是好的。因为有些软故障不会引起直流电压的变化。

(7) 测试仪表内阻要大

测量集成电路引脚直流电压时，应选用表头内阻大于 $20k\Omega/V$ 的万用表，否则对某些引脚电压会有较大的测量误差。

(8) 要注意功率集成电路的散热

功率集成电路应散热良好，不允许不带散热器而处于大功率的状态下工作。

(9) 引线要合理

如需要加接外围元件代替集成电路内部已损坏部分，应选用小型元器件，且接线要合理以免造成不必要的寄生耦合，尤其是要处理好音频功放集成电路和前置放大电路之间的接地端。

参 考 文 献

[1] 刘建清等. 从零开始学电子元器件识别与检测技术. 北京：国防工业出版社，2007.

[2] 张庆双. 电子元器件的选用与检测即学即用. 北京：机械工业出版社，2010

[3] 流耘. 电子元器件识别与检测一点通. 北京：电子工业出版社，2011.

[4] 姜有根等. 电子电路识图与检测. 北京：机械工业出版社，2012.

[5] 孟贵华等. 电子元件器选用快速入门. 北京：机械工业出版社，2010.

[6] 陈永甫. 常用电子元件及其应用. 北京：人民邮电出版社，2005.

[7] 阳鸿钧. 精准快识别与检测实用元器件. 北京：机械工业出版社，2011.

[8] 蔡杏山. 蔡老师教你应用电子元器件. 北京：人民邮电出版社，2011.

[9] 门宏. 快速学认电子元器件. 北京：人民邮电出版社，2011.

[10] 杨志忠. 新编常用集成电路及元器件使用手册. 北京：机械工业出版社，2011.

[11] 韩雪涛. 电子元器件检测代换技能1对1培训速成. 北京：机械工业出版社，2011.

[12] 胡斌. 电子工程师必备—元器件应用宝典（强化版），北京：人民邮电出版社，2012.

[13] 蔡杏山. 图解易学电子元器件识别、检测与应用（双色版）. 北京：化学工业出版社，2012.

[14] 蔡杏山. 零起步轻松学电子元器件（第2版）. 北京：人民邮电出版社，2012.

[15] 刘建清. 用万用表检测电子元器件与电路-从入门到精通. 北京：国防工业出版社，2011.

[16] 赵广林. 常用电子元器件识别/检测/选用一读通（第2版）. 北京：电子工业出版社，2011.

[17] 张庆双等. 新型贴片电子元器件速查手册. 北京：金盾出版社，2008.

[18] 韩雪涛. 电工电子技术全图解丛书电子元器件检测技能速成全图. 北京：化学工业出版社，2011.

[19] 韩广兴. 电子元器件检测置换学用速训. 北京：电子工业出版社，2011.